点亮亲子学院

培养有国际竞争力的中国孩子

家庭亲子学院

培养自信自立自主自强的中国孩子

理财师爸爸的财商启蒙课

[新加坡] 陈伟发·著　钱婷·译

Raising Financially Savvy Kids

中国经济出版社
CHINA ECONOMIC PUBLISHING HOUSE

·北京·

图书在版编目（CIP）数据

理财师爸爸的财商启蒙课＝Financially Savvy
Kids：Positive Money Habitudes to Help Kids Become
Future Money Master／（新加坡）陈伟发著．--北京：
中国经济出版社，2022.3
（全球教子智慧系列）
ISBN 978-7-5136-6751-7

Ⅰ．①理… Ⅱ．①陈… Ⅲ．①财务管理—少儿读物
Ⅳ．①TS976.15-49

中国版本图书馆 CIP 数据核字（2021）第 246404 号

Original title：Raising Financially Savvy Kids：Positive Money
Habitudes to Help Kids Become Future Money Masters
Copyright ⓒ 2014 Ernest Resources Agency Pte. Ltd.
First published by Candid Creation Publishing LLP in 2014 All rights reserved.
The simplified Chinese translation rights arranged through Rightol Media
（本书中文简体版权经由锐拓传媒取得 Email：copyright@ rightol. com）

策划编辑	崔姜薇
责任编辑	张　博
责任印制	马小宾
封面设计	任燕飞装帧设计工作室
插画绘制	赵月焱　武旭彤
出版发行	中国经济出版社
印 刷 者	北京富泰印刷有限责任公司
经 销 者	各地新华书店
开　　本	880mm×1230mm　1/32
印　　张	6.25
字　　数	120 千字
版　　次	2022 年 3 月第 1 版
印　　次	2022 年 3 月第 1 次
定　　价	58.00 元

广告经营许可证　京西工商广字第 8179 号

中国经济出版社 网址 www. economyph. com **社址** 北京市东城区安定门外大街 58 号 **邮编** 100011
本版图书如存在印装质量问题，请与本社销售中心联系调换（联系电话：010-57512564）

版权所有　盗版必究（举报电话：010-57512600）
国家版权局反盗版举报中心（举报电话：12390）　　服务热线：010-57512564

序言

　　本书的作者陈伟发是一位经验丰富的理财规划师，同时也是三个孩子的父亲。他发起的 Jopez 学院致力于以游戏的形式，向学龄前儿童、中小学生传递正确的消费习惯，以及金融、财务知识与理财技巧。

　　我 7 岁的女儿曾经问过我这样一个问题："我们为什么必须学会给予，这样做我们能花的钱不就变少了吗?"《理财师爸爸的财商启蒙课》最让我感到欣慰的一点是，这本书不只是提高孩子的财商，教他们掌握理财技巧，它还让孩子理解给予和奉献的重要性。

　　没有一种方法是放之四海而皆准的，所以这本书也收录了许多案例，家长可以根据自己家庭的具体情况进行评估，然后决定选用哪种方法教孩子理财，帮孩子养成良好

的消费习惯，同时帮助孩子形成基础财务观念。

　　虽然理论看起来都是简单易行的，但如果想真正培养孩子良好的消费习惯，同时摒弃冲动消费的恶习，大人和孩子都需要很大的耐心和决心。作为一个家有两个小学生的母亲，我在逐渐意识到自己需要开始理财的同时，也意识到要系统地帮助孩子们理解不要过度消费和延迟满足的重要性，更重要的是让孩子知道怎样管理自己的零用钱，这样就可以在孩子们的成长过程中帮助他们树立正确的财富观。读了这本书，不仅让我开始留意自己的消费习惯和理财方法，而且让我在和孩子谈论与金钱相关的问题时毫无后顾之忧。

　　正如本书第一章中所述，"没有什么能比对知识的投资而更有收益了"。投资如此一本提供丰富理财知识和正确财富观念的书，就像帮助您和您的孩子找到你们的"第一桶金"一样！

　　我祝愿您和您的孩子能够在阅读这本书时获得快乐，同时掌握更多的理财知识。

Elain Lau
"新时代育儿"联合创始人

前言

我为何写这本书

第一，我想让更多的孩子在长大成人、走上工作岗位、在这个大千世界中谋生之前获得必要的理财技能。正如许多包括我在内的成年人一样，因为从未在年少时学习过任何理财知识，直到有一天被现实环境所迫，才暴露出理财知识和技能缺乏的弱点。快到40岁时，我才意识到自己在管理个人财富方面存在巨大的知识空白。通过自学，我才明白如果能更早一些获得这方面的知识，我的人生将会多么不同。更早地学会这些技能，无疑能使后续的理财学习变得更加容易，财富增长更多。我想通过这本书与更多的家长分享这些理财知识，这样他们就可以更早地教会自己的孩子，让孩子们收获财富上的成功。

第二，许多家长询问我该如何向孩子传授理财方面的知识，本书就是对这些问题的回答。作为一名在金融行业工作了近20年的理财规划师、顾问、财务培训师和辅导师，在许多场合，我都被问及如何就金钱方面的问题同孩子进行交流并教育孩子。这些问题都集中在相同的几个点上，比如，在孩子几岁时最适合和他们谈论关于钱的问题？该教他们什么？如何让孩子真正理解财务知识？我觉得，孩子之所以乱花钱，其根源在于许多家长无意中表现出来的消费习惯，孩子只是在模仿家长——对此，我非常理解。家长们的问题也促使我不断地展开对类似情况的思考，以及不断探索解决这些问题并帮助孩子建立起良好的理财意识和消费习惯的方法。

基于许多人对孩子的储蓄、消费、分享、收入及零用钱相关问题多年的研究，我不仅可以回答家长的问题，而且还开发出了一套行之有效，能够让孩子更聪明、更智慧地进行理财的系统。因此，我认为很有必要将这些知识集结成书，与每一位客户、家长和老师分享。

如何使用这本书

《理财师爸爸的财商启蒙课》这本书就是为了让家长和老师更好地帮助孩子在理财的技能、工具和知识方面做好准备，同时让孩子形成正确的财富观，为其将来成为财富精英打下坚实的基础。

　　本书为家长提供了许多帮助孩子理财的方法和建议，同时在理财知识的大背景下，将具体的知识点按照孩子的年龄段和心理发展阶段进行细分，并在书中专门标出了便于孩子理解金钱概念的小游戏。本书还特别关注孩子对金钱的理解、金钱的使用以及在处理金钱问题时可能引起的冲突。同时，设计了一些将理财方法与每天的生活结合在一起的工具。

　　建议您先通读全书，如果您可以理解书中的内容，请和您的孩子分享您的心得，让孩子有参与感并认识到书中的内容关系到他们未来的财富。这样，孩子就可以意识到书中的原则和思想有助于他们更好地理财，并在未来的生活中拥抱财富。

目 录

你的孩子可以成为百万富翁

未来的理财达人

附录　171

第1章
为谈论金钱做好准备

钱到用时方恨少，时光用尽才知悔。

——约翰·沃尔夫冈·冯·歌德

没有什么能比对知识的投资而更有收益了。

——本杰明·富兰克林

为了孩子将来的成功和富足，父母愿意付出一切。我们要让自己的孩子健康、快乐并实现人生理想，我们希望他们通过探索自己的天赋和个性将自己的潜力发挥到极致，我们同样希望他们获得经济上的独立——没有人愿意自己的孩子长大后毫无金钱观念。我们虽然倾尽所能帮助孩子拥有健康、幸福、美满的生活，但是当遇到如何帮助他们实现财富成功的问题时，我们往往无从下手。

　　我发现许多家长甚至从不和孩子谈论金钱，几乎没有人知道和孩子谈论金钱时该从何说起。但是，在我们所处的时代，拥有让金钱为我们服务的能力是非常重要的。我们需要知道金钱能起到的作用，同时要培养孩子更加完善的财富意识。最重要的是，我们在面对各种信息时，要拥有做出正确决定的能力，同时我们要把这种能力赋予自己的孩子。

培养孩子的财富观念

我认为当下掌握一定理财知识的重要性远胜以往。继2008年国际金融危机——可能是自"大萧条"以来最严重的危机后，处在现金流中的货币比以往更多。但为何许多人却面临着比过去更严重的财务问题呢？为何许多人"惶惶不可终日"，只是因为他们"不够有钱"吗？

每个人都希望自己比父辈做得更出色。但是，我们必须承认，自己之所以能够成功是因为繁荣的经济。这意味着我们对自己的期望值更高，我们要追求品质更高的生活方式，更愿投身于更能实现自己人生价值的工作，同时还要与所爱的人共度美好的时光。

不幸的是现实总会给我们带来各种挑战。随着经济结构发生转变，我们所面对的有可能是历史上最具挑战性的经济周期之一。下一代人，即我们的孩子可能会面临不及我们富足的未来。当然，悲观主义往往都伴随着经济衰退的每个阶段。但是，较之20世纪的任何发展阶段，人们现在都更有理由对经济形势表现出悲观的情绪。

想想这些问题。

• 退休年龄悄悄迫近。

- 每个家庭的真实收入不断"缩水"。

- "必要性开支",如住房、水电费、油价都在更多地消耗我们的收入,这意味着我们可以用于休闲、娱乐和追求自我发展的钱越来越少。

- 公司重组常态化。

- 今天的许多工作在下一个十年中可能不复存在。

- 房产不会永远增值。

除了经济的结构性调整,下一代人还将置身于许多社会变革中。想想我们的孩子,他们能像专家一样操作那些我们小时候做梦都想不到的电子产品,在他们现在所处的环境中,花钱比以往任何时候都更容易。

以网络购物的崛起为例,这种购物方式在过去的几年中都获得了两位数的增长,预计在未来的十年中将持续增长,网络购物的人群数量也将持续增多。这些都加剧了信贷消费,这无疑让我们的孩子所处的财富环境变得更加复杂。除了和信用卡相关的各种复杂条款,我们还需要让孩子看穿那些信用卡公司精心设计的引诱人们消费的花招。

网络购物的背后是强大的商业化运作。各种会员卡、秒杀活动和产品搭售手段早已司空见惯,这种类型的广告连同媒体已经形成一股强大的力量,而网络购物只是与社会变革携手而来的诸多创新之一。在第3章,我们将更加深入孩子们的世界。

上网越多，花钱越多

根据明尼阿波利斯投资银行的派普·杰弗里针对青少年消费习惯所做的长期调查来看，接近10%的女孩认为网上购物是她们最喜欢的购物方式，更是有15%的男孩喜欢网上购物。该研究的结果与其他同领域的研究结果是一致的，青少年都愿意在网络上购买优质的商品和服务，网络已经成为影响他们消费决策的关键因素。而网络只是影响青少年消费决定的第二大因素，第一大决定因素是他们的朋友。

从现在开始，你需要多留意自己的孩子，他们处在不断变化的社会带来的各种诱惑之中，想拥有的东西总是比他们实际需要的多。虽然这些诱惑在每个阶段都有，但是所处的背景截然不同。对于工作岗位、住房和机会的竞争会带给人们越来越大的压力。花钱越发容易，存钱越发困难，更不必说与他人分享了。我们无法独立抗拒经济或社会的变化，但是我们有能力来控制自己的财富和生活。事实上，我敢断言，建立起良好的理财意识是用好财富的关键。

🥣 认识金钱

你认为自己的孩子都从哪里了解金钱？

- 学校学习？

- 看电视？

- 和朋友的交流？

- 凭借自己的经验？

和孩子生活中的其他东西一样，这些都是他们从后天环境里挑选信息的途径，然而孩子首先从自己的原生环境，也就是为人父母的你们身上学习。以下情况经常发生：孩子第一次和钱打交道和第一次使用货币交易的经历来自你——要第一个玩具，多要一包薯条（然后被拒绝）。首次尝试谈判也是和你。通过与家长这样的权威形象交流，通过观察你如何处理钱或听你谈论钱的话语，孩子都可以接触到金钱的概念。

我们都知道拥有良好的金钱意识要比赚钱和花钱更重要。财富增长需要的不只是简单的存钱。我们基于赚钱、花钱和存钱这些基本要素作出的选择都体现在现金、信用和消费主义这块背景上，卷入其中的还有我们基于财富价值与责任的信仰和价值观。当我们检视自己对于金钱的态度和习惯时，我们会看到更多自己看待财富的态度。

但是我们的孩子对于金钱的了解远比我们想象的多，并且他们是从我们身上学到的！当我们在超市用现金购物、写支票、从自动取款机取现金或刷信用/借记卡时，孩子们学习到了关于钱的概念；当我们捐款，在银行存钱，自言自语念叨想要的或要购买的东西时，孩子在观察并从你身上学习。

🪙 学习理财，越早越好

一项受英国财务咨询服务部委托，由剑桥大学的研究者完成的报告显示：孩子与钱相关的习惯在 7 岁时就已经形成。你是否注意过当自己刷牙时，孩子在一旁模仿你刷牙？孩子开始模仿你说话时，你是否觉得很有趣？心理学家指出，孩子在出生时就开始模仿了，很多新生婴儿会模仿自己周围人们的面部表情，如伸出舌头等。这其实是一项很重要的能力。随着孩子的成长，他们更加喜欢从父母身上学习，这种通过模仿与父母形成的联系，可以让孩子受益。孩子一直在学习，而且从年龄很小的时候就开始了。

养成良好的理财习惯将使孩子终身受益，所以付出的一切努力都是值得的。没有接受过理财教育的孩子终生都要付出代价。一些家长之所以不教孩子与钱相关的知识，是因为他们认为不该和孩子谈钱、没有时间教他们或觉得自己没有

足够的钱。不管家庭收入多少，父母都应该花时间教孩子理财，而且应该在他们小的时候就开始。

为了给孩子更好的明天，并且让他们有能力创造更好的未来，我们必须让孩子建立良好的理财习惯。培养正确的理财习惯也意味着要成功地树立一系列正确的态度和观念。

理财，应由谁来教

在我的"教孩子理财"工作室中，我总是以向家长和老师提出以下问题为开场白。

我们的孩子通过哪些途径学习理财？

1. 通过学校老师的讲授？

2. 通过电视节目？

3. 通过朋友之间的交流？

4. 通过自己犯的错误？

5. 通过观察自己的父母？

起初，我只是想把讨论集中在孩子花钱习惯的形成原因上。但是，经过多次工作室活动后，我发现了一些很有趣的事情，很多父母都自信地回答理财是学校和老师的责任。但几乎可以肯定的是，参加工作室活动的老师会以莫名其妙的表情回应家长，家长对老师的这种反应也是一脸茫然。

当着父母和老师的面，我们向工作室里的孩子提几个简单的问题吧，之后你就能明白孩子的花钱习惯是怎样养成的了。

问题 1："孩子，当你有很多很多钱的时候你会做什么？"

大部分孩子回答："我要买……"；

一些孩子回答："存起来……"；

一两个孩子回答："把钱给……"。

问题 2："孩子，当妈妈没钱的时候，你会怎么做？"

很多孩子回答："刷卡咯"；

一些孩子回答："从取款机里取"；

一些孩子回答："跟爸爸要"。

孩子们的反应揭示了一些家庭的消费习惯以及有趣的金钱观，也反映了孩子什么时候以及从哪里开始学习到和金钱相关的知识与技巧。父母是孩子学习金钱相关知识的首要来源。

接下来我要揭开另一个谜：

要想成功，就得好好学习，天天向上，取得好成绩，拿下大学学位！

这句话可谓耳熟能详，大部分家长让孩子受教育是为

了孩子将来可以找份安全稳定且有满足感的工作，能够为自己和家庭提供舒适富足的生活。我们同时还倚赖学校给孩子们树立正确的价值观和道德观以指导他们的人生。

我们的教育缺失了什么

孩子们缺乏的是让他们可以自己掌控财富的教育和价值观。因此，他们往往缺乏成为财富大师的必要技巧和态度。这意味着他们错失了学习如何引领自己财富生活的机会。

关于理财，显然大部分成年人知道的也并不多。比如，新加坡每年债务都在增长。2000—2012 年房贷上涨了 12%，2006—2012 年加速增长了 16%。与此相似，信用卡债务也在增长，新加坡信贷资料中心最新数据显示，除信用卡未能按期还款外，人们还背负许多其他债务（新加坡信贷资料中心官网上可以看到数据）。为什么我们自己不能管好自己的钱？这种趋势并不是新加坡独有的。如果说对发达国家的调查、民意测验和报告暗示了什么，那么一定是很大一部分的成年人都需要上一堂理财速成课。

当今的学校只关注教育中的两种主要类型：

- 学术教育；
- 职业教育。

　　然而，教育系统严重缺失理财教育，大多数人也对此浑然不觉。学校的课程并不完全是面向生活的训练。学校不教孩子们步入真实社会所需要知道的东西，尤其是早期的教育。但学校就该教吗？我们现有学校课程对教育者而言已经是压力重重，他们自己也没接受过个人的理财培训。他们的工作是让孩子在学术上取得优秀的成绩，所以孩子们只要有分析、认知和研究技能，能够上大学并顺利毕业就好。

　　虽然一些学校会引进一些辅助课程让孩子接触到理财技巧，但大部分人从学前到小学对理财基本知识几乎毫无接触，长大后也未能形成基本的理财观念。当下一代成人后，教育工作者意识到缺乏基本的理财知识产生的恶果，人们才开始呼吁改变现况。

　　正如美国财经作家和电视名人大卫·巴赫所说："理财教育需要变成全国教育课程和计分系统的一部分，这样就不光只有富人家的孩子可以学到理财，所有人都可以……"然而学校还是极其缺乏理财教育，这不是老师们的错，而是大环境所具有的通病。

　　所以，如果学校和老师不教孩子们理财，老师们在自己的成长过程中也缺乏理财教育，那么谁该来做这件事呢？在孩子上学前，既然家长首先通过购物、吃饭和旅行让孩子接触到金钱，那么难道不应该是家长承担起让孩子认识

金钱的责任吗？

与此同时，我们的孩子正在信息数字化时代快速成长，这个时代中经济衰退和萧条的节奏更快。置身于全球化的知识经济，我们需要理解金钱是如何工作以及如何为我们工作的。孩子需要这些知识来构建一个财务安全的未来，然而没有基本的理财知识是无法做到这一点的。

可是，改变需要时间。我们不能将教孩子必要理财技能的工作丢给教育系统，也不能等待教育系统的改革，等待其在未知的将来弥补这种滞后性缺口。事关金钱，时不我待。孩子们现在就可以开始学习并强化自己的理财意识同时获得可靠的金融理财资源。

我要重申：我坚信家长是给孩子讲述人生课程的不二人选，包括和金钱相关的课程，老师能做的只是辅助。当家长不能或不愿意参加时，老师就成了这种教育的唯一来源。然而不幸的是，大多数时候，我们只能依靠老师。但是不论哪里的老师都会告诉你，如果家长们不参与，他们的工作就很难做，特别是关乎"现实生活"的问题，而金钱是个非常现实的问题。

🥮 我们遇到问题了

大部分参加我工作室学习的家长都幻想能有一个总体

规划或一套特殊的技巧来教会孩子理财，他们不知道如何开始，因为他们认为不该和孩子谈钱或不该这么早谈。他们要么觉得没时间，要么就是觉得没有足够的钱、知识和技巧去做这件事。一些家长甚至觉得和别人谈钱越多就越伤感情。他们只对了一半，谈钱没有"如何谈钱"重要。要成为一个好的理财教师，你将需要检视自己和钱的关系。

钱在我们的社会中仍然是个禁忌话题。对于某些人而言，谈钱可能是尴尬和令人不舒服的。即使在家庭中人们也不愿谈钱，而这是家庭中的一个巨大问题。我们更不愿和孩子谈金钱问题，父母赚钱孩子花钱，这似乎是天经地义的事。当我们把钱的"麻烦事儿"全都交给父母时，孩子将活在一个安全却不真实的"气泡"里。这一切无法让孩子在踏入真实社会前做好准备，相反，这会让孩子形成错误的信念，做出有害的行为，并且会无意识地养成很难摒弃的理财陋习。

家长能做的至少是正视自己的财富心态，因为孩子是通过模仿你的一言一行来学习的，所以家长们必须学习理财知识，这意味着你需要在日常生活中使用正确的理财技巧、理财语言和词汇并养成好的消费习惯。做这些事情不分经济背景，孩子们总是观察大人们的言行，然后不知不觉就将父母的理财习惯在自己的潜意识中养成。当你可以在家无拘束地谈论金钱问题时，你的孩子也会自由开放地

发问，这样你就有机会给孩子上理财课了。关于这个话题，我们会在第五章中学到更多。

金钱在我们的社会里是许多人的核心驱动力，它推动经济发展，商业以其为媒介。但心理学家称之为"最后的禁忌"，因为在心理治疗的过程中，它也很少被谈及。这一禁忌已成为一个严重的心理问题，这让我们在面对金钱时不能畅所欲言。

审视一下自己的理财风格。你能想到自己现在的财务状况是自己的金钱观念造成的吗？你可能会想到圣雄甘地的一段名言：

> 你的信念形成你的想法，
>
> 你的想法形成你的话语，
>
> 你的话语形成你的行动，
>
> 你的行动形成你的习惯，
>
> 你的习惯形成你的价值观，
>
> 你的价值观形成你的命运。

实质上，这说明你的理财态度决定了你的理财习惯，而这最终将形成你的财富命运。我没有说环境因素不重要，因为环境因素并不在这本书的讨论范围内。我们需要意识到自己其实掌握着巨大的塑造自己财富命运的力量。

和孩子们谈钱是让他们了解金钱的第一步。谈钱也能够让你熟悉自己在金钱方面的习惯，这是让你发现自己的

问题和了解自己无意识间形成的行为习惯的关键所在，而
这些都是经过多年积累并受到生活中各种各样人的影响形
成的。"如果我年轻的时候知道这些就好了"——你是不是
经常听到或使用这句话？不幸的是，我们永远不会变年轻，
我们的孩子也不会。现在就用行动来确保孩子拥有一个成
功的未来吧。

🥟 大处着想，小处着手，立即行动

你会发现这句话是本书所有课程的核心。我坚信金钱
话题应该成为家庭谈话的一部分。事实上，大部分时间我
们已经在和家人、朋友甚至陌生人做这件事。我认为一些
基础财务常识，诸如投资建议和省钱策略是每天和金钱相
关谈话的理想话题。这毫不夸张，我可以保证你每天与别
人的交谈中一定包含了这些话题！来看看这些我们经常在
闲聊中涉及的话题吧，它们实际上都在谈钱。

- 你去年购买生日礼物花了多少钱？
- 你所在的地区或国家，银行利率是否更高？
- 你买过旧衣服（二手货）吗？
- 你一周有多少钱用在吃上？
- 飞一趟中国香港要多少钱？
- 你认为在伦敦的酒店住一晚要花多少钱？

- 你信用卡借款有过未按期还款吗？后来怎样？

- 某超市的某样东西正在半价销售！

- 你买彩票吗？

这些都透露出与金钱相关的想法和观点。你的答案暗示了许多你实际拥有的金钱观。下面的这些话题在展现金钱观时就没有那么明显了。

- 你认为钱能买到真爱吗？

- 你认为财富会给一个人带来不良影响吗？具体是怎样影响的？

- 你能注意到 10~15 年前的广告和现在的有什么不同吗？

- 你经常买哪种东西？

- 一个人要想赚大钱或成为成功企业家必须有哪些特质？

🥣 大声谈"钱"

想象这样一个场景：孩子正和你一起逛商场，很想要商场里的某样东西，只是你觉得价格有点贵，不值得买。孩子耍赖哭闹，你有些抓狂，停下脚步坚定地说：**"钱又不是树上长出来的！"**

我们都听父母或老师说过这句话，它掷地有声。几乎每一代父母都用过它，这句话是那么的有效，以至于每一代孩子在他们长大成人、为人父母们后依然把这句话当成一个威力巨大的工具，把它继续用在自己孩子身上。

以下是一些传世箴言。

- 生活中美好的东西都是免费的。
- 时间就是金钱。
- 有钱常想无钱日，莫到无钱想有钱。
- 有钱能使鬼推磨。
- 钱财生不带来，死不带走。
- 好钢要使在刀刃上，钱财花在正路上。
- 无钱万事难。
- 一文钱难倒英雄汉。

我们不忘这些箴言，好像它们一直完全正确，但这些话语究竟是什么意思呢？钱为何不能长在树上呢？对于大多数果农而言，树上挂的每个水果都是"钱"。我经常用"树上长钱"的例子来激励参加我工作室活动的人去追求成为"百万富翁"的目标或梦想。他们会想象并问自己：如果有一棵全年都会结果的果树，而这些果子每年市值5万元，这是多好的一件事儿啊！然而，培育这些树可能要花数年的时间，就像一棵"百万摇钱树"，得需要几年才能开花结果。有100万元，5%的回报率，不需要很努力就可坐拥5万元/年的收入。所以，谁说钱不是长在树上

的？对我来说，钱就是长在树上的！

一些和钱有关的俗语是积极向上且激励人的，但是其他一些则较为负面消极。哪些是真实的？几乎没有。

身为哲学教授同时也是被高度赞扬的《金钱和生命的意义》一书的作者雅克布·尼德曼说过："对于那些将认真寻找自身生命意义作为唯一有价值事业的现代男性和女性而言，钱必须成为这样一种工具，即我们应当用钱去认识现在和未来的自己。"

最后一句话很重要，钱是可以用来进行自我反思的工具。当我们说起钱时，我们透露了自己对它的看法，钱是什么，从哪里来，我们该怎么用它，关于钱的话语里包含了我们自己对它的希望和恐惧。

理解我们的非语言行为

当我们与人互动时，我们所有的非语言行为都发出了强烈的信号，这包括我们的手势、坐姿、说话的速度和音量、与交谈者的距离、眼神交流的频率等。

孩子就像海绵一样吸收着周围的一切，他们沉浸在大人们的言行里，还学习大人们的说话方式。当你在孩子想购买某种东西时对他们说"可以"，但言语中却有一丝不安和焦虑时，孩子会有所察觉。孩子的确很喜欢他的新礼物，

但他也能听出你话语和语调中的不协调，通过你的用词和语调，孩子能够知道你对钱的感觉，你谈钱时脸上的表情也会流露出你的情绪。

因此，无论你的孩子是 5 岁还是 15 岁，你都会发现自己就是他们认识财富时活生生的榜样。教孩子认识金钱需要不断努力，从你帮他往摇摇车或玩具自动售货机里投第一枚硬币的那天开始，直到他财务独立或已经准备好成家立业那天。

语言与经历的联系

孩子 3 岁时的词汇量就能达到 100~200 个了，他们的言语透露出他们日常生活的点滴。孩子通过将言语与经历进行联系而学习，科学家们称为"记忆脚手架"。这就是为什么孩子喜欢看绘本，他们可以在故事中看到自己，并将自己代入故事情节中。

当孩子认识到金钱的作用时，他们会显露出很独特的保守主义。当他们知道钱可以买到自己心爱的东西时，他们就会开始攒钱！实质上他们已经开始学习存钱的种种细节。

正如我之前说过的，越早开始和孩子谈钱，孩子越能坦诚地问你问题。我这么坚持的原因很简单，当孩子长大后，他们的习惯已经形成，再想改变各种已有的观念将会非

常困难。毕竟青少年的生活中还有其他一些事情要操心，比如买什么东西，钱怎么花？所以要尽早播下理财的"种子"。

凭借很多亲子育儿类图书，甚至只依靠父母良好的本能就可以教会孩子正确的行为举止、安全常识、如何社交以及如何获取知识，但如何让孩子懂得理财却鲜有提及。让孩子认识金钱不仅是为将来他们找工作做准备或教他们将一部分赚的钱存起来，而且应包括帮助他们理解金钱所有的正面和负面意义。例如，孩子需要认识到为别人买礼物是表达爱的一种方式，但同时也要理解通过言语和行动来表达爱同样重要。

因此，父母和孩子应该经常交流和金钱相关的心理问题、价值观、态度和信念。这能帮助孩子理解金钱可能导致的冲突以及冲突需要在家中以讨论的方式来解决，让孩子明白妥协有时是非常必要的。

当教导孩子认识金钱时，父母需要表达他们自己对于金钱的心理想法和意见，同时建立一种一以贯之的方法，为了孩子的健康发展，这是至关重要的。

下面这些问题是家长可以集中讨论的。

- 如何在家庭中创造一个可以谈钱的环境？
- 你的孩子如何得到钱，你给他们零用钱还是有别的方式？
- 在家里你的孩子会观察到哪些关于钱的价值观和

态度？

- 关于钱，你和孩子谈些什么？

- 对于广告以及孩子同龄人对孩子购物需求的影响，你是如何应对的？

- 你打算给孩子怎样的认识金钱的体验？

- 孩子们以不同的方式处理金钱时，你是如何应对的？是按不同的成长阶段，不同的需求还是不同的个性来区别处理的？

教孩子认识金钱

我提出了核心理念并设计了一套制度，如存钱罐制度（详见第3章），以此来解决如何教孩子基本理财技巧的问题。设立预算是建立理财计划的第一步。"预算"只是收入和支出管理制度的别名。当你有一个可靠且运转良好的理财制度时，就算生活中出现一些不可预见的和钱有关的事情，你也会马上知道该怎么做。等真的有机会出现时，你早已知道该如何运作手中的金钱，或是当赚钱机会出现时，你也知道该做怎样的理财配置。

起始的步骤也将使你对财富的态度发生一些变化，因为建立一个这样的制度需要你兼具哲学家和工程师的精神。你需要反省自己的生活方式以及对金钱的看法。相应地，

21

你会帮助孩子建立起和金钱相关的健康生活方式和观念。随着孩子长大，他们和金钱相关的智慧也会有所增长。简单来说，你是在建立孩子敏锐的理财意识。

存钱罐制度同时也让孩子在实践中对自己的选择和行动负责任。从根本上说，预算就是一系列你觉得该在哪儿花更多钱的选择：

- 在学校食堂吃饭还是和朋友们出去吃冰淇淋；
- 是买一本新的涂色书还是买一套新的马克笔；
- 是买新手机还是买票在影院看一场电影。

做预算能帮助孩子思考存钱的数量和速度，以及未来将钱花在哪儿，让他们学会延迟满足。在教他们理财时，家长们应该站在孩子们的角度思考，而不是站在成人的角度思考。譬如当小孩问父母能赚多少钱时，他们并不是真的想知道父母能挣多少钱，而是为什么他不能拥有某个玩具或为什么不能参加学校的活动。家长要善于用符合孩子心志发展阶段而非生理年龄的实例和活动来指引孩子，这点很重要。这本书里的所有活动都是为各个年龄层的人量身定做的，旨在创造一种可以习得的结构。更重要的是这些活动不会让孩子或家长过度紧张，而是会让他们的财富生活过得更加轻松。

孩子主要通过三种方式学习：间接教学、观察学习、榜样教学。除此之外，他们也会通过有计划地参加讨论、集体决策与有计划的体验式教学来学习。最后，他们还通过自己所做的决定以及因此带来的或好或坏的结果来学习。

不论是赚钱、花钱、捐钱、分享钱财、借钱、存钱，还是转交钱财，或只是谈论金钱，这都意味着我们无时无刻不和金钱发生关系，而这也为家长提供了让孩子认识金钱世界是如何运作以及让孩子了解人们在做与金钱相关的决定时都会产生哪些想法和情绪的机会。

这也意味着孩子通过观察能学习到的东西远在父母意料之外。无论你是否主动教他们，你的孩子都在学。家长可以有意地设计学习活动供孩子观察学习。当你教他们认识金钱时，他们也可以学到其他东西，如责任心、家庭价值观和态度、决策方式、比价购物、设定目标及优先级、处理家庭以外财务问题的方法和能力。

对家长而言，和孩子交流财务问题时使用具体的例子非常重要。作为家长，你也许已经观察到孩子喜欢了解如何在成人的世界中行事。他们喜欢模仿大人（特别是年纪小的孩子），并且随着他们不断地成长，他们不停地汲取成长环境中传递给他们的各种信息。

在接下来的几章里，我们将深入探讨教育孩子认识金钱的具体方法。下文中重要的基础知识将在帮助孩子建立好的财富观并拥有高财商的旅途中给你指引。

- **注意！孩子是在生活中学习的。**无论你个人的处世哲学是什么，最重要的是在日常生活中以身作则。与如何支配金钱同样重要的是如何谈论金钱。注意自己和金钱相关的消费习惯和语言，下次当孩子拿起一样很贵的东西时，与其用"我们买不起"这样的话拒绝他，不如说："我们不能看到什么就买什么哦。你为什么需要它？有其他的东西可以代替吗？"当我们知道孩子的天性是跟从榜样时，我们就会更容易地去引导或提供建议，而不是简单的指挥和命令。

- **建立并维护存钱罐制度。**拿三个罐子，分别给每个贴上"储蓄""消费""分享"的标签。当孩子开始有属于自己的零用钱时，他们需要一个地方来存放自己的钱。无论孩子是通过帮忙做家务还是因为生日而收到钱，每当孩子收到钱时都按相应的比例将钱分别放到三个罐子里（详见第 3 章），让孩子用消费罐子里的钱去购买糖果或是贴画之类的小玩意儿。

- **给零用钱。**这是一种很棒的教学工具，它模拟了很多成年人日常面对的财务问题。有了零用钱制度，孩子就会意识到，如果自己想合理地用钱，就必须先去挣钱。同时，零用钱也能帮助孩子建立主人翁意识。

- **用每周的活动来巩固孩子所学。**每周都进行相似的活动，巩固一周所学。和孩子外出买东西，给他们看商品标价，在把东西放入购物车里之前向孩子解释每样东西要花费多少钱。用语言表达出你正在做的事情以便孩子理解。在结账时，给孩子展示你是如何使用纸币、硬币以及用信用卡结账的。在这样的情境下教孩子认识金钱的效果很好，因为这样做给了他们一个日常生活各种事务的视觉化呈现。与只阅读书本相比，孩子们亲眼见到的越多，学到的就越多。

- **让所有家庭成员都做力所能及的家务。** 做家务能够满足多种目的。这能帮孩子理解他们作为家庭一员的概念，让他们知道承担责任是成长的必要组成部分，也是一种荣幸。这还能帮助他们更好地理解金钱是如何起作用的。

- **寓教于乐。** 和孩子谈论金钱这种抽象的概念可能比较困难，通过欢乐的游戏来进行学习是最好的方式。你可以和孩子一起玩"小财神"桌游，或让孩子参与日常生活中的财务决策，比如超市购物。记住每个孩子都是独一无二的，他们有不同的学习节奏，有的人快而有的人慢。当孩子还没准备好的时候，避免强迫孩子参加任何和金钱相关的活动。不要设置太多条条框框，那会使你和孩子在处理和谈论钱的时候很快感到厌烦。

给孩子一定的财权，让他们在购物时
自己做决定，从小事中逐渐养成正确的消费习惯

把钱作为游戏道具时，记得游戏结束将钱收好

要让孩子知道钱是很珍贵的，必须放在安全的地方。别让孩子拿着你的信用卡玩。定好规矩，告诉他们哪些东西可以从你的钱包中拿出来，哪些不可以。

● **分清"必需的"和"想要的"。**严格来说，"必需的"就是关系到人类生存的东西，比如空气、食物、干净舒适的居住环境。"想要的"是其他一切非必需品。但我们要知道孩子可不这么想，所以家长要教孩子如何区分"必需的"和"想要的"。

● **克制电视对孩子的影响。**虽然我们经常被各种昂贵商品的广告狂轰滥炸，但是我们接收到的关于如何有效地使用和管理金钱的信息几乎为零。我们接触广告的最主要来源是电视，因此有必要减少看电视的时间。然而广告无所不在，那就趁此机会和孩子们讨论一下所看到的广告吧。

● **让分享成为一种生活方式。**分享需要一个培养过程，需要有人来教。幼儿有一种"什么都是我的"的通病，而这和自私及攻击性没有关系；他们只是还没有学会理性地对待事物。建立一个能让孩子学会分享的环境能够帮助孩子长大后更好地拥有分享精神。

- **付账单。**一定要让孩子懂得处理每月生活开支的重要性。通过跟孩子解释你如何支付每月居家生活的账单，可以让孩子明白他们的住宿、用电和电话都是有花销的。当孩子开始使用手机或开车时，让他们支付其中的一些由这些"享受"带来的费用。

- **容许孩子犯错。**在孩子小的时候可以允许他们在花钱上犯错。虽然这些错误大不到哪里去，但大有裨益。这些错误会避免孩子成年后犯更大的错误，并帮助成年后的他们做出更好的选择。想象一下，如果你的孩子从来没掌握过钱财，然后刚刚参加工作就购置一辆自己收入无法负担的汽车，这种错误的个人财务决策会给他们未来的生活带来深远的影响，做为家长的你肯定不想让这种情况发生在孩子和自己的身上。

- **充分运用复利法则。**复利可以理解为"利滚利"，可以让你的储蓄以更快的速度增长。爱因斯坦将其称为"世界第八大奇迹"，很多成功的商人和领导人都认可这一法则，让孩子懂得复利的力量就相当于你给了他利用自己最大的优势——时间的机会！

让我们重温一下本章的基本点。

- 注意！孩子是在生活中学习的。

- 建立并维护存钱罐制度。

- 给零用钱。

- 用每周的活动来巩固孩子所学。

- 让所有家庭成员都做力所能及的家务。

- 寓教于乐。

- 分清楚"必需的"和"想要的"。

- 克制电视对孩子的影响。

- 让分享成为一种生活方式。

- 付账单。

- 容许孩子犯错。

- 充分利用复利法则。

给家长的"理财"提示

在你开始这本书的阅读旅程前，每天和孩子一起实践这些行为准则，为下面章节的课程打下基础。

☑**该做的事儿：**

形成良好的财务习惯。你不需要成为沃伦·巴菲特，你只要坚持简单良好的习惯就可以给孩子树立一个榜样。孩子更倾向于做你也愿意做的事情，而不是做那些你要求他们去做的事情，所以一定要保证给孩子展示你自己生活中健康的理财哲学。

尽量用现金。用刷卡的方式买东西，很难给孩子留下深刻印象——特别是当你想给他们留下一个积极的印象时。用信用卡买东西，对于孩子而言是很抽象和难以理解的。反之，可以把找回的零钱硬币给孩子，让他们去使用预存硬币式的超市购物车，让他们和现金有更多的接触机会。

建立储蓄制度。传统的小猪存钱罐的确充满怀旧情怀，但是它单一的存钱用途不能教给孩子太多的理财知识。让孩子把收到的钱分别存进不同的账户（参考存钱罐制度），严格按照账户的固定用途来使用。

　　让孩子参与购物。让孩子拿着购物清单、对物品进行分类和比价，并让他们列出自己可能会买的东西，和孩子讨论他们想要的究竟是"必需的"还是"想要的"。

　　带孩子去银行。让他们有真实的体验，让孩子知道钱去了哪里，是怎样被"转移"的。

　　一起看电视。谈论你们一起看到的广告，甚至是节目中插播的广告，并解释广告和电视节目的区别。帮助孩子了解广告中有相当一部分只是"假象"。

　　鼓励孩子参与慈善活动。做慈善对孩子来说是一件有意义的事，因为这让他们自然而然地理解分享带来的价值和体现出的同情心。全家参加慈善活动会更有意义，比如可以一起参加公园里的募捐活动或者去附近的社区服务中心做志愿者。

　　☒ **不该做的事儿：**

　　说"我们买不起"。这会让孩子产生不必要的担心。相反，可以用这个机会指出该物品的价值，寻求替代品。

　　忽视孩子提出的金钱方面的问题。别假装钱的问题不重要，或给孩子留下大人认为他们太小还不能理解金钱问题的印象。给孩子一个适合他们年龄的诚实答案。

满足孩子所有的需求。孩子需要知道玩具不是一哭一闹就可以得到的。

在孩子面前为钱争吵。如果父母经常为钱争吵，孩子就会把钱当作压力的一种来源。

害怕和孩子谈钱。钱不是一个禁忌话题，也不该被当成禁忌话题。

家庭"财商启蒙课"

在家时

● 在家和孩子玩购物游戏。让孩子买卖玩具和食物或玩"大富翁"游戏。可以使用真钞票来进行游戏，也可让孩子自己创作货币。

● 下次你或孩子不小心说了关于钱的负面语言，请停下来思考这句话是否属实。孩子们会用最具创意的回答让你感到惊讶！

在超市时

● 购物时让孩子为小玩意儿或他们需要的东西买单。这会让他们对买东西要花多少钱有个概念。

● 带孩子买东西前，给孩子少量的钱，让他们自己决定买什么。

● 让孩子为自己挑选的东西买单，然后讨论他们从中学到了什么。

● 鼓励孩子买自己所必需的东西或可以与他人分享的东西。

● 去超市前，让你家的孩子帮你剪下优惠券（记得用安全剪刀）。到超市后，让孩子留意可以使用优惠券的商品。

在阅读时

- 从杂志和报纸上剪下家里花钱购买过的东西的图片，帮助孩子用这些图片做一张海报。

- 讨论"必需的"和"想要的"。让孩子在海报上选出"必需的"和"想要的"。给孩子解释为什么我们不能购买所有"想要的"东西。

- 和孩子一起阅读关于金钱的童书。一起讨论故事情节，并将故事和自己的家庭联系起来。

- 帮助孩子列出所有他想购买物品的清单。讨论这些物品到底是"必需的"还是"想要的"。

观察他人时

- 和孩子谈论人们的工作。帮助孩子理解人只有先去工作才能挣到钱，之后才能为生活的开销买单。

- 当孩子会加法时，解释硬币加起来一共多少钱。

例如，解释 10 个 1 角钱或者 2 个 5 角钱都等于 1 元钱，讨论不同面值的硬币可以买到什么。小孩有时反而觉得硬币的数量值比货币的面值更有价值。

孩子需要时间去理解面值的概念。

当五六岁的孩子观察哥哥姐姐们收钱和花钱时，也可以有规律地给孩子一点儿钱，让他们去管理。

帮助年龄稍大的孩子找出谈话中和钱有关的语句。

看看你自己能否区分哪些语句是积极的，哪些语句是消极的。谈论这些话是对还是错会很有趣，这儿有一些例子：

- 这个价钱简直就是"打劫"；
- 这场买卖让我亏了个底儿掉；
- 这货色一毛钱一打儿；
- 花钱如流水；
- 钱是万恶之源；
- 这简直是天价。
- 一分钱也是钱；
- 人无外财不富；
- 我们必须花大价钱才买下这个；
- 这钱打水漂了。

第 2 章
理解财富世界

你觉得金钱能解决任何问题，但金钱能做到的只是让你买到能买到的东西，然后给你追求无法用金钱购买到的东西的自由。

——安·海伦迪恩

让人相信即使没钱也可以幸福是一种精神上的势利眼。

——阿贝尔·加缪

　　孩子们手中的钱是从哪儿来的？从父母那儿，当然幸运的话还可以从亲戚和监护人那里得到。大部分孩子都会享有收到钱、礼物和其他小玩意儿的权利。作为父母，有时我们会认为家庭收支是我们独自承担的责任，我们是负担和决定家庭以及孩子们开销的人。

　　作为父母我们很清楚为什么需要钱。我们身处以钱为交易媒介的社会中，没有钱我们就不得不通过以物易物的方式获得想要的一切。你可能也意识到，自己现在可能对金钱有健康和中肯的看法，但是过去你可能不这样想。你知道只有解决了过去的财务问题后，生活才能继续前行。这些问题有多种形式：债务、高额的学生贷款、房贷和车贷。拥有要追求的梦想或生活方式，这当然很好，但是你需要金钱来支撑它们。

　　我们的孩子成年后依然要面对这些问题。一部分原因是成年人的世界需要他们去面对这些情形，另一部分原因是父母总是觉得要为孩子屏蔽这些金钱的问题。"我不想让这个话题给孩子带来负担，他们成年后有的是时间为钱操

心。"这样的观点中有两个错误的认识。首先，钱不是负担，钱与我们所做的一切密不可分。即使你待在家里什么事都不做也仍然需要花钱（保险和各种缴费单还是会如约而至）。其次，如果你现在不教孩子与金钱相关的知识，他成年后就会有很长一段人生要为钱担心。成年之后再摒弃旧的理财习惯、学习新的理财习惯，对有些人来说有可能是一次痛苦的经历。

我经常和家长们说："就算你没觉得自己在'教'，其实孩子已经在学习了，他们一直在从你身上和周围的环境中学习。难道你还不愿主动地去亲自教他们吗？越早和孩子谈钱、教孩子与金钱相关的知识，钱这个话题才不会变得可怕和不可控制，孩子也更有能力并更愿意为自己的财富负责。"

只靠自己，不靠特权

为什么我们不厌其烦地将零用钱按比例分配？孩子想买的东西，有哪样是我们买不起的呢？我们可以马上一件一件评判物品的价值并决定要不要买，也可以随时给孩子零用钱。毕竟在孩子年纪小的时候，父母知道该怎样办，不是吗？

也许吧！但这也正是你要将自己的知识和技能传授给

零用钱提供了一种稳定的"收入",

孩子可以获得自己管理金钱的经验

孩子，并以它们为基础帮助孩子成长的原因。孩子越早学到关于钱的知识和技能，你就能越早地开始巩固良好的与金钱相关的生活习惯。在后面的章节中，你将会明白时间对于成就财富人生的重要性。现在让我们回顾一下建立良好的与金钱相关的生活习惯和态度的基础元素。

当代金融系统的开端

17—19 世纪，大部分国家都建立了金本位制，让纸币与定量的黄金可以相互兑换。然而第二次世界大战后，大部分国家放弃了金本位制而转用法定货币（不与任何实物挂钩）。1944 年，"布雷顿森林体系"（该体系名称取自签订该体系相关协议的美国新罕布什尔州的一个小镇）成立，货币互换的国际基础正式建立。1971 年，由于美国开始禁止将美元兑换为黄金，"布雷顿森林体系"崩溃，法定货币，即不可兑换的纸币开始走上统治地位。当今的大部分货币都使用法定货币。

金钱的世界里没有"特权"

当你还小的时候，你很容易认为任何自己想要的就是自己应得的。对于孩子而言更是如此，他们很单纯地认为自己似乎没有什么理由不能得到自己想要的东西。既然他们如此彻底地、一心地想要一样东西，那为什么不能拥有呢？当得不到货架上他们看中的玩具时，伤心欲绝是他们最真实的情感表现。

对于4岁以下的孩子而言，每次出去都给他们买东西是最大的"陷阱"之一。短期内，你的确让孩子感觉非常快乐。但就长远来看，你加强了他们脑海中的一个观念，那就是每次你和孩子一同出去，你都要给孩子买些东西。对孩子说"可以"很简单，但父母们要学会不被动摇，因为父母应当知道在真实的世界是没有"特权"这回事的。当你要说"可以"的时候，其实对孩子说"不可以"可以给他们带来更多的益处。

让孩子拥有高财商，首先要让孩子们知道在金钱的世界里没有"特权"这种东西。零用钱制度是唯一能让孩子明白有付出才有回报的制度。它打破了依赖父母不停给予的模式，将能力带给孩子。哪些能力呢？去探索、选择、决策、反思和成长的能力。我们要将孩子那种认为自己天生有"特权"的感觉转变为一种没有付出就没有回报的生活态度。

专门从事动机心理学研究的著名行为科学家史蒂夫·马拉博利博士说过："特权感是一个缺乏感恩的如癌症

般的思维方式，对人际关系、企业甚至国家都可能是致命的。"如果你觉得这有点夸张，请注意马拉博利博士强调的是权利观念可以左右一个人的想法和行为，这些观念构成了伴随孩子一生成长的基础。

4 岁以上的孩子能够理解特权和有付出才有回报之间概念上的不同，所有的孩子不论年龄大小最终都可以理解。有很多的方法可以消除孩子认为自己拥有特权的思维定式，而通过给孩子零用钱的方法无疑为打破这种思维定式提供了一个完美的基础。

表 2-1　"依靠特权"与"有付出、有回报"的对比

依靠特权	有付出、有回报
苛求	有耐心
可能事前不做规划	会理解事先计划的必要性
及时享乐	延迟满足
总对别人指手画脚	关注自己能做什么
不能收放自如	收放自如
"需要的"和"想要的"东西只依靠唯一的来源	我想要因为我想得到、我需要得到
我现在就应该得到，就算我没有付出或根本买不起	寻求新的方法，给自己更多选择
我得到是因为这是我应得的	我拥有是因为我已经做了要拥有它所需做的一切

狄德罗效应

法国哲学家丹尼·狄德罗写过一篇名为《丢了旧长袍之后的烦恼》的文章。文章记录了他收到的一件礼物，一件质地精良、做工考究、足以让那个时代的所有绅士都引以为豪的长袍。他非常开心，于是就丢掉了自己的旧长袍。然而，不久后他就发现新长袍与自己书房中的其他东西形成了鲜明的对比，书房壁纸破旧、挂毯褪色、书架变形……

为了配得上这件优雅的长袍，他把曾经熟悉并令自己感到舒适的东西一件件地换掉了。在文章的结尾，狄德罗特别强调自己后悔接受了那件强迫其他东西都要与之相匹配的新长袍。

每个人的生活中都会有这样的时刻，我们被迫去追求社会不断攀升的物质标准。

营销者把这叫作"狄德罗效应"。

建立零用钱制度

父母该给零用钱吗？什么时候给？给多少？孩子可以用这些钱干什么？家长、教育专家、心理学家和理财专家在这些话题上的讨论经久不衰。一个普遍认可的观点是：

零用钱是个有用的工具，可以帮孩子树立正确的价值观并养成良好的性格，如耐心、虚心、节俭和慷慨。如果没有固定收入来源，很难从存钱、花钱和分享中学习到重要的生活原则。我自己的孩子们懂得我是在用自己的时间、努力和技能去挣钱。我的工作所得叫"收入"。孩子也应该有属于他们的"收入"——零用钱。零用钱制度能够为孩子提供好的生活实践，让他们可以更好地了解金钱，亲身体验因为处理金钱问题而需要面临的各种选择、可能性和决策。

小时候，母亲会给我准备好带到学校的便当和饮水。我到 10 岁时才有零用钱，一天只有 1 角钱新币，只够在学校食堂买碗面条。在我做金融行业的这 19 年中，我的绝大多数客户都说小时候家长都会给他们零用钱。

然而，要注意的是，给零用钱是整个家庭的事，根据每个家庭的情况，给还没有上学、5 岁以下的孩子零用钱可能并不实际或者没有必要。千万不要让孩子想当然地认为拿到的零用钱是作为家庭成员应得的奖赏。如果你此时正考虑要不要给孩子建立一个零用钱制度，你可能先要问问自己以下问题。

- 自己家庭的经济状况如何？
- 给孩子零用钱是否有任何不便和坏处？
- 孩子能从收到零用钱这件事中有哪些收获？
- 你的整个家庭能从孩子得到零用钱这件事中得到哪

零用钱制度是让孩子明白

有付出才有回报的有效制度

些益处？

● 你现在是否已经在给孩子零用钱了？是不是只要他们开口要，你就给呢？

● 如果已经给了，孩子通常是怎么花这笔钱的？

如果你觉得给孩子零用钱只是徒增家庭开销，那么请先记录下平常一周内你花在孩子身上的开销，刨除那些你已经提供的生活必需品，如衣、食、住、行。如果你计算用在他们学杂费、在外边吃饭、电影、打球、音乐会、杂志、电子游戏、运动装备、时装、美容和化妆品等上面的钱，你会很快发现孩子是在一个多么精彩的世界中生活和消费。

把所有你给孩子的钱加总，你可能会惊奇地发现给孩子的钱可能要比你通过一个零用钱制度给他的钱要多得多。从我收集的许多"了解客户"的反馈报告中可以看到许多家长惊讶地发现通过可控地给孩子零用钱，他们实际上给予孩子的已经不仅仅是金钱那么简单。当实施零用钱制度时，家长们发现给孩子零用钱这件事已经开始将一些诸如目标设定、建立计划、实施计划和做决策的责任交给了孩子。在孩子还小的时候，这一点点时间和精力上的投资将会给他们的未来带来很大回报。零用钱是让孩子在安全的范围内学习管理财富并培养孩子理财智慧的完美开端。

那么，给孩子零用钱能保证孩子将来成为管理财富的专家吗？不会。但是能够确定的是，如果父母不教孩子管理财富方法，孩子就没有机会通过别的方式来学习。如果你已经在给孩子零用钱，那就定期定量地给，不要不定期地随意给。可能一开始你会觉得要分出去一部分钱而感到有点肉痛，但是这样做可以鼓励孩子自己管理金钱。有了固定的"收入"，孩子们就可以提前规划储蓄和消费了。

让零用钱制度运转起来

当家长给孩子们零用钱时，孩子会发生许多变化。首先，家长要跟孩子强调，给零用钱不是因为孩子享有某种特权，而是孩子的荣幸。这种荣幸取决父母的收入和负担能力，孩子在收到零用钱时应心存感激。

其次，因为零用钱提供了一种稳定的"收入"，孩子可以获得亲自管理金钱的经验，他们有机会练习花钱，学习如何有节制地花钱，练习为长短期目标存钱、做投资或与别人分享；他们自己做出更多决策，学习比价购物、促销时购物以及其他消费技巧。零用钱能培养孩子的责任感，孩子也将从自己的成功和失败中学习。

最后，父母因为想让零用钱制度起作用，他们会和孩子更多地谈论和金钱有关的话题。父母会和孩子讨论给零

用钱的目的，教育孩子怎么处理零用钱。家长们更加意识到自己每天都需要给孩子做一个可以学习的榜样。记住，和孩子更多地谈论金钱并建立一个给孩子零用钱的制度不会让你成为"直升机父母"。[①] 它并不代表你过分关注孩子的成长已经到了令人窒息的地步。相反，这种参与让孩子有更多自主权，而不是更少；同时，还提高了孩子的能力，减少孩子对你的依赖。

等孩子明白了金钱的基本概念后再给零用钱，这样才能让零用钱的领取和管理更具教育意义。在 4~5 岁时，大部分孩子应该可以做到以下几点：

- 区分不同面值的硬币；
- 从 1 数到 10；
- 有花钱的机会。

零用钱给孩子一个机会去管理金钱并体验在有固定收入的条件下生活，就像他们参加工作之后那样。这基本上和他们马上就要踏入的成人世界所能带给他们的体验别无二致。

零用钱也提供了一个将一些责任交给孩子的好机会，同时让孩子更能适应延迟满足。有了这些技能和能力，孩子就可以接收零用钱了！然而只是简单的把钱给孩子，还不能保

---

① 像直升机一样盘旋在孩子的上空，时时刻刻监控孩子的一举一动。——译者注

证孩子在成长中学到好的财务决策技能。决定给孩子零用钱的具体金额时，可以考虑以下因素：

- 孩子的年纪；

- 零用钱的使用范围（如周末午餐、衣服、娱乐活动等，分类要简约，别让其对你而言过于复杂）；

- 如果孩子年纪足够大，可以让他根据以上的分类自己提一个预算，一起讨论，彼此达成一致。

年纪、预算和开销范围形成孩子零用钱制度的起点。如果孩子也愿意参加制定零用钱制度的话，可以让他参加。孩子可以自己提出要把钱花在哪儿。在覆盖一致同意的基本开销外，零用钱中还应包括一些"随机"的开销。给所需的钱数总额设定一个限度，这样就能让孩子自己多做花钱方面的决策了。

条款和条件。零用钱制度需要与财务及相关决策的讨论结合在一起。简要地说，只要你给孩子钱，就不可避免地会和孩子就钱的问题进行交流，这并不复杂，只要条款清晰，制定合理的财务目标，商讨具体金额即可。例如，如果你决定把做家务算进零用钱制度，就要清楚你的期望并且坚持下去。模棱两可或把钱当惩罚机制却没有合理的解释会让孩子感到迷惑，所以条款和约定要尽量清晰。

表 2-2　孩子小的时候我给他们的零用钱金额　　单位：元

计算	6 岁	7 岁	8 岁	9 岁	10 岁
每日潜在赚的钱	1.75	2.00	2.50	3.00	3.50
周零用钱	12.25	14.00	17.50	21.00	24.50
月零用钱	49.00	56.00	70.00	84.00	98.00
月支出（70%）	34.30	39.20	49.00	58.80	68.60
月储蓄（20%）	9.80	11.20	14.00	16.80	19.60
每月分享支出（10%）	4.90	5.60	7.00	8.40	9.80

接下来，发放零用钱的周期要固定。选择简单的周期，可以是每周给一次、两周给一次或每月给一次。这些周期让孩子有足够长的时间去花钱，同时也方便记录。对于 5 岁以下的孩子，给零用钱要更频繁些，我建议一周给一次并以此作为一种教学工具。当孩子学会如何用收到的零用钱支撑到每周的最后一天时，你可以考虑每隔一周给孩子更多的钱。出于减少孩子冲动消费和促进孩子储蓄的考虑，零用钱最好别在周五发放，而应选择在星期天的晚上发放。

家庭会议。通过检查孩子的交易账单，我的妻子能够确切地知道我们的孩子每周是怎样把零用钱花掉的。如有任何一笔交易看上去异常，或超出零用钱限定的使用范围，我们就会在家庭的财务讨论时间里和孩子谈谈。

一以贯之。最后，设立榜样并一以贯之。孩子们有很强的洞察力，他们能够觉察出你究竟只是说教还是身体力行。别让你的努力因为不能付之行动而失败。

我们的理念就是激励孩子储蓄。你可以用目标引导的方式帮助孩子建立可以坚持一生的储蓄习惯。通过设定对孩子有意义的目标，使他们理解自己不只是在一个罐子中不停地积累钱财。可以利用他们的兴趣进行引导，比如你的女儿喜欢尤克里里①，她看上了一款特别的型号，需要500元，那就把它设为储蓄目标。通过帮助她鉴别不同的策略，让孩子拥有更多的完成储蓄目标的可能性。

• 把所有的钱都存起来。对于一个孩子而言，这可能意味着放弃大部分和朋友外出看电影、一起吃饭的机会。她可能会在10个月时间里完成500元的储蓄目标。

• 找一份工作。如果你女儿周末做一份兼职或帮家里做家务，每周挣50元，减去自己的开支，那么她8个月里就可以完成500元的储蓄目标。

• 存钱并工作。每周增加5元可自由支配的钱，那么她在2个月内就可以存到500元。

---

① 尤克里里，即夏威夷小吉他，是一种有四根弦的拨弦乐器，发明于葡萄牙盛行于夏威夷，归属在吉他乐器一族。——译者注

为什么形成规矩很重要

形成规矩对孩子的大脑发育很重要。2000 年，伦敦大学学院启动了"千禧一代研究"计划，项目追踪了 11000 个孩子，从孩子的 3 岁持续到 7 岁，研究入睡时间对认知功能的影响。研究发现，无论是男孩还是女孩，不规律的入睡时间都会造成阅读、数学和空间感方面的得分较低，该研究同样发现"3 岁左右是孩子认知发展的敏感时期"。

合理的储蓄目标。适当地处理零用钱是有特定语境的，年纪小的孩子总是能给自己设定一个更加适中的储蓄目标，这样他们能确保自己的储蓄目标在较短时间内就能实现。分配一些家务给他们做，付给他们钱能帮助他们更快地赚钱和存钱（这些家务是除了孩子作为家庭一分子本身要做的家务以外的）。我们随后会详细讨论雇佣孩子的"条件和条款"。把储蓄目标的图片和进度表贴在墙上，并让孩子看到，这样他们会意识到金钱的巨大短期潜力。

作为家长的责任

如果你还没开始给孩子零用钱，那么你的孩子可能还不觉得强制性的零用钱预算是一种教育工具，更不会认为这是一件有趣的事情了。如果你已经按部就班地给孩子零用钱，你可能会质疑：为什么我的孩子还没成为理财大师？

零用钱制度要成为有效的教学工具，它需要成为孩子和父母之间一种有规划的体验活动。现在你们正处于这一体验的"起点"，依照下面的这些基本规则将让你们稳步前进。

1. 不要随便给孩子买东西。孩子自己会挣到足够的钱买自己想要的东西。

2. 允许孩子任意花自己的钱。更好的消费决策来自真实的消费体验。

3. 坚持按计划消费。专注设定好的计划，别分心。30天才能养成一个习惯，几个循环下来，你会造就一个成功的金钱管理者！

学习如何聪明地消费需要一些试错机会。如果你给孩子零用钱，但孩子的每个购物决定都得经你同意；或者孩子每次超支，你都容许孩子预支本应下次给的零用钱，那么理财课的作用就被淡化了。与此同时，每个孩子又是不同的，孩子的性格会影响他处理金钱的方式。

你的孩子是规划型、取悦型、享乐型还是保护型

使用"迈尔斯-布里格斯"性格分类法，雷·林德将人们的财务策略进行了分类。"策划型"喜欢提前计划，并充分掌握为未来做准备的概念。"取悦型"可能会为满足别人或展示自己而花钱。"享乐型"很难做规划或坚持一个长期计划，他们想要随意花钱的自由。"保护型"对钱很谨慎，总预先做好打算，确保将来有保障，总是在同一家店买东西，总选同一品牌。如果你孩子看上去像个"保护型"，你可能会乐坏了，但小心他变得过分"守财"，要让他能够坦然地面对突如其来的必要的计划外开销。

🥣 "报酬"不该作为金钱奖励

在实行零用钱制度时，父母们有两大难题。一个是零用钱该不该和孩子好的表现挂钩；另一个是零用钱该不该和做家务挂钩。

孩子做家务，一些家长拒绝给孩子钱。他们不想让钱成为孩子表现好或做家务的唯一动机。我也赞同这一点，我觉得零用钱不应作为奖励被给予或者作为惩罚而被剥夺，因为这有可能会造成家长和孩子间的权利问题。当然，孩子做家务你可以奖励他，但这可以是零用钱以外的东西，比如带他去公园玩，一起看电影或送他一本新书。

然而，我必须强调的是，"报酬"不是金钱奖励的一种形式。孩子应该知道报酬是工作挣来的。父母把零用钱和做家务关联起来是希望教会孩子通过工作获取报酬的价值伦理。如果没完成家务，零用钱就会被暂扣或完全停发。其实更好的方法是，只有孩子完成一些特殊的家务才给他们报酬，如清洗便携式电风扇或拖地板。如果没有完成作为家庭成员分内的日常家务部分，惩罚可以是不能看电视，或不准用手机。这样做的用意是区分"我付出、我收获"和"我有特权"。

对于做父母的你们，首先可用这些问题自省。

- 我在童年时期收到过零用钱吗？
- 如有，父母是怎么给我零用钱的？是我自己挣来的还是父母直接给我的？
- 如没有，我是怎么学到和钱相关的知识的？
- 如没有，那时的我希望收到零用钱吗？为什么希望收到或为什么不希望收到？
- 在用零用钱教育孩子理财这方面，我会有什么和自己的父母做得不一样的地方？

- 作为父母我们将如何解决和孩子在处理零用钱方式上的不同？

- 我的孩子将怎样理解收入是有限的这一问题以及作为一个成人，不可以简单一味地要求更多报酬？

因此，给父母的第一堂课就是"把钱交出去，努力闭好嘴巴"。（当然，出于原则问题，如果你已经禁止家中出现某些种类的玩具，那这条并不适用。）

- 记录一周或数周中你给每个孩子都"发了"多少钱。

- 评估钱都花到哪儿了。与每个孩子在家庭会议上单独讨论。考虑用本章中所学的零用钱方法。

- 在开始零用钱制度之前先和孩子讨论一下这个制度。用下面的表格作为讨论的大纲。

- 如果你的孩子已经开始接收零用钱了，想想有哪里需要调整。零用钱都能够涵盖哪些方面的开支？孩子有没有一点剩余的钱可以做他们想做的事？他的年纪可以承担更多的责任吗？

- 给孩子在家或在外赚钱的机会。列一个可能的职业清单，讨论每个职业的优缺点。

举例来说，如果小珍珍很快将她整个一周的零用钱都花在了"口袋妖怪"的卡片上，但三天后她又看上一本非常想要的涂色书，父母此时就不能让步于她要更多钱的请求。

可以用目标引导的方式帮助
孩子建立可以坚持一生的储蓄习惯

事实上，父母应该感到高兴，因为这正是父母想给孩子上的课——当管理金钱时，她需要提前规划。幸运的是小珍珍在还未造成较为严重的后果时就已经接受了教训。7 岁时没有涂色书总比 27 岁时还不了 1 万元的信用卡欠款更容易让人接受。

如果 10 岁的孩子告诉你，他的零用钱满足不了他的正常需求，你就需要考虑增加他的零用钱了。在这之前，你要决定给他加多少，还有怎样给这些钱最合适。是他丢了那份兼职工作吗？还是他需要买上学所需的用品？

根据孩子的年纪和性格，可能会不断有新问题需要你来解决。这些问题可以分成以下几类。

表 2-3　如何给孩子提供支持和帮助他们解决财务问题

孩子的观点	理解你的孩子	你可以这样说
"这是我的钱，我想怎么花都行。"	当刚刚得到她的零用钱时，你 11 岁的女儿就把所有的钱都用来买糖果了。及时行乐的诱惑太难抵抗，年纪更小的孩子也需要培养并练习如何克制及时行乐的技能。 当孩子到了叛逆的青少年期，并开始自己挣钱的时候，他们一定坚持认为自己已经赢得了随意花钱的权力。他们没错，但是要指出他们自己也不想把钱花得毫无意义。不管钱从哪儿来，不同的花钱方式总会带来不同结果	"不，亲爱的宝贝。这钱是爸爸和我给你练习如何管理金钱用的，为了等你将来有了自己的钱的时候，知道如何管理好自己的钱。" "不，亲爱的宝贝，那是你辛苦挣来的钱，你要好好珍惜。你将来会知道如何管好这笔钱的。"

续表

孩子的观点	理解你的孩子	你可以这样说
"为什么你不能给我买？"	有时，孩子就想被溺爱——这又能怪谁呢。和孩子一起出去时，监管自己的行为，不要养成总是给孩子买东西的习惯。 教孩子每周都按存钱罐制度来存钱。帮他们设立储蓄目标。对于6~9岁的孩子而言，制定的储蓄目标要周期短并易于实现。对于孩子而言，存2~4周钱对他们来说要比存一年的钱容易得多	"对不起，买这件东西不在我的预算内。" "我们需要把钱存起来，不要每次出去都买东西，记住这点这很重要。"
"我没有足够的钱。"	这是典型的金钱分配的问题。大部分原因是因为孩子在某个方面花了太多的钱，而不是他的钱真不够了。和孩子一起设立一个收支预算。 很多青少年发现有很多东西他们都想买，这让他们很难存钱。 和孩子讨论广告是如何诱导孩子去花钱的	"嗯，如果你发现你的钱不够，你需要把自己的支出列在清单上，看你把钱花哪儿了，看哪些支出是可以减少的。"

你的孩子能够学到什么

4岁以下孩子

他们从人们的言行中学习。言行举止、面部表情、语音语调都能告诉孩子你对钱或其他东西的感受。他们可以接触简单的金钱概念，比如学习硬币的面值，把钱放在安

全的地方，在商店中拿钱购买一些简单的物品。科学家指出这个年龄段的小孩在面对 5 角钱和 1 元钱的硬币时，几乎总是选择数值大的那枚硬币。

太小的孩子还不能完全理解钱的价值，但是他们可以开始学习硬币的价值。你现在可以和他们一起玩识别硬币的游戏。

5 岁的孩子

他们已经知道 1 元钱硬币等值多少 1 角钱硬币，可以一次数几个硬币，能够理解钱花出去了就没了，还能理解不能什么都买，所以要做出选择。

6~8 岁的孩子

他们可以理解存钱的概念，但可能对自己存的钱能够买什么还会有不切实际的想法。到 8 岁时，孩子已经能经常做决定和规划，并可以按计划施行。有时，他们做决定很难，需要别人的鼓励。

9~12 岁的孩子

这个年龄段的孩子喜欢跟风从众。他们需要有自己的空间、话语权和表现自己独立性的机会，他们还需要父母理解性的引导。

雇用您的孩子

这里有一个事实和一个小秘密：现在许多孩子不洗自

己的衣服，不铺床或不做饭，也不知道如何做这些简单的家务。更糟糕的是，有些孩子从未自立过，甚至结婚后仍然依赖父母。但是，父母们都同意我的观点，孩子们的确可以从做日常家务中获益。

孩子小的时候很愿意帮忙，他们喜欢被人信任，喜欢被当作大人去帮助别人。再大一点的时候，他们本可以更多地帮忙却更不情愿。还有一些家长觉得做家务不如学习有价值；有些家长觉得自己做更省事。没错，但是所有的学生都需要老师付出时间和耐心。

将报酬和家务联系起来是很有用的方法。显然，对父母而言，爱就是让他们给孩子做饭或整理袜子的唯一理由，但倒垃圾和爱之间的联系对于孩子而言却并不明确。给孩子机会去承担一些简单的家务，下面是一个 10 岁孩子应该可以胜任的家务列表：

- 把用过的餐具放入洗碗机洗涤并拿出来摆好；
- 亲手洗碗；
- 扫地，除尘或用吸尘器打扫地板；
- 打扫浴室；
- 把买的杂货收起来；
- 布置餐桌；
- 做饭；
- 饭后收拾餐桌；
- 扔垃圾袋；
- 清洗衣服，烘干、折叠并收起衣物；

- 换床单、铺床；

- 浇花。

🥣 自食其力

挣钱。无论是在家还是在外工作，让孩子有更多挣零用钱的机会，并以此让孩子对工作保持良好的态度。当你自己挣钱时，你会获得在生活中走向成功的重要技能。至少，你能学会两点：如何明智地分配时间以及如何与他人共事。在达成这些事情的过程中，一个人可以学到其他的人生价值和原则。

所以只要孩子有足够的时间娱乐、睡觉、学习、参加学校活动和承担家庭义务，他们就可以工作。作为一个参考，大部分青少年每周最多可以承受 14~20 小时额外工作。

我经常让孩子在家中帮我做办公室里的工作，比如：录入数据、打印文件、整理单据、给宣传品贴上邮票，这些本来都是要花钱雇外聘人员来做的。你会发现这些工作任何一个孩子都可以做，别给孩子太难完成的任务。在开始工作前，我和孩子总是先在报酬上达成一致，并让他们明白自己所承担的责任。如果孩子觉得自己可以做这个任务并且也愿意做，只要完成得足够好，我会非常乐意支付和外聘人员一样的报酬。除非工作完成得比期望的还好，否则我从不多给钱，不然孩子会对赚钱的原因有错误的认识。

可以用零用钱以外的东西对孩子做家务进行
"奖励"，让孩子知道他们也是家的一分子，
对家负有义务，而不是给钱才干活

　　我不提倡将零用钱当作孩子在家做家务的"工资"。如果孩子觉得做家务就该有报酬，他们就体会不到作为家庭成员的责任。让他们做一些固定的无报酬家务，会让孩子变成一个有责任心的家庭成员，将来也会成为有责任心的社区一员。

　　孩子仅凭作为家庭一员的身份就来分享家庭收入的这一权利，有些人可能会对这个"天生的特权"有异议，但别忘了你可能已经赋予了他们这些"特权"中的一部分，给孩子的食物、衣服、住房买单，更不用说学习弹奏尤克里里和接受跆拳道训练了！

　　此外，我们不想把责任和回报混为一谈。将家务和零用钱分离还能帮助你避免孩子为钱做家务所产生的潜在问题。因为可能会存在当孩子不需要钱的时候，他们就拒绝做家务的情况。同样的家务，大一点的孩子也可能要越来越高的报酬。

再早赚钱都不为过

　　我的孩子可以自由选择我和太太贴在冰箱上的任何有报酬的家务，这让他们赚到所需的额外零用钱。我的孩子15岁时，通过给邻居家的孩子当家教来赚取额外的零用钱。孩子完成普通水准教育证书

（GCE "O" Level）① 考试后，在等待结果的三个月时间里，他们也在就业市场上找到了工作。

孩子做什么工作去赚钱取决于个人所处的情境。只要不太占用学习时间，打工赚钱就是非常有价值的体验。

零用钱制度案例

你给孩子零用钱吗？获得零用钱的方法有很多种。有人认为可以在课后打工挣得，或者与做家务、成绩以及行为表现挂钩。

越来越多的父母要求孩子把自己的零用钱挣到手。这里有三个家庭分享他们的零用钱制度和经验。

---

① GCE "O" Level 的全称是普通水准普通教育证书（General Certification of Education Ordinary Level），是每年在英国和世界大约 100 个国家为中等学校学生主办的毕业会考。考生所获得的毕业证书为英国政府、英联邦国家及欧美各国广受承认的学历。凡获得普通水准毕业证书的考生，均有资格报考上述国家的大学。——译者注

单亲家庭

方法：零用钱+

茉莉亚的目标： 作为 30 多岁的离异职场妈妈，茉莉亚想要自己的两个孩子明白来源于现实世界的经济压力，包括她不能给他们像她的一些邻居给孩子的那样多可自由支配的钱。然而她又不想让孩子觉得被剥夺了什么，所以她想到了"零钱+"计划，这样孩子就能得到自己想要的钱，她也能得到所需的帮助。

茉莉亚的制度： 茉莉亚给 12 岁的乔丹一周 6 元钱，给 10 岁的凯特一周 5 元钱，两人的零用钱每年会有一定的增加。孩子们每周要做家务，但是他们的零用钱不和具体的家务挂钩。他们可以任意花自己的零用钱。如果孩子偷懒，他们还是可以得到零用钱，但任务完成前，茉莉亚会撤销一些他们的权利，比如看电视或和他们的朋友一起玩。如果两个孩子中的一个厌烦了某项工作，茉莉亚会让孩子自己提出选择意见，所以乔丹最近不再打扫浴室的台面，而开始遛狗了。

茉莉亚不会给孩子预支任何钱，目的是希望他们学会控制预算。但是如果他们觉得需要更多的钱，他们可以提议做更复杂的任务来取得报酬，或者完成"任务清

单"（"零用钱+"）里的更多任务。她也希望以此培养
孩子的谈判技巧，所以当乔丹提议洗车——而这不在
"任务清单"中时，茱莉亚会让孩子去看看洗车行洗车
的价位，比如市价是10元洗一辆车，那么妈妈和女儿协
商的结果是，乔丹洗车将获得5元钱的酬劳（乔丹得到
的报酬比专业洗车行的少，是因为茱莉亚告诉她，她洗
车并没有什么经验并且也不知道该如何做）。

最后，如果孩子们表现好的话茱莉亚会主动给额
外的奖励——全家一起出去看电影以及偶尔的现金小
奖励。茱莉亚说："没有什么比老板对你说'做得很
好'更棒的了，这非常激励人。"

我的观点：茱莉亚的制度没有牺牲孩子太多的学
习或娱乐时间。同时，通过让孩子自己决定什么时候
做可以得到报酬的工作，茱莉亚在毫无压力地培养孩
子们的企业家精神。因没有做家务而受到惩罚能让孩
子知道什么是责任感。比起减少孩子的特权，"开个罚
单"要求不做家务的孩子给父母一笔数目不小的罚款，
实际上更有效。"这是世界上最好的威慑。"

接下来，茱莉亚可能想通过将每周发一次零用钱改
为每月发一次来加强孩子们的长期理财能力。我们建议
所有父母在孩子12岁时这么做。当然，在看到孩子拿到

钱后马上花掉，在接下来的日子里度日如年的确会让父母难受，但这是孩子获得成长和学会规划的唯一路径。

如果零用钱需要应对更长的购买清单，那么，我建议在新学年伊始给孩子涨零用钱，这样达到的效果最好。

"职场父母"的家庭

方法：零用钱+

他们的目标：当40多岁的帕梅拉想让15岁的雅克布、12岁的乔乔、9岁的亚历克西斯做家务换取零用钱时，整个家庭随即陷入混乱。帕梅拉说："他们根本不能胜任。"但在经营一家教授国际礼仪学校的她还是想让孩子投入到做家务活当中，因为这可以帮助孩子建立良好的职业道德。在和她的先生寻找可以激励孩子参与的方法时，她想到了自己经营学校的方法。"我会将一些工作转包出去，"她说，"所以，我决定将一些家务活儿外包给孩子们。"

他们的制度：帕梅拉希望她的孩子能够无偿地完成一些基础性的杂活，比如整理自己的床铺。但是当父母在更复杂的家务活上需要帮助时（如修剪花园和草坪），他们会让孩子知道，如果孩子选择帮助做家务的话就会有报酬。平均每周15元钱。当父母没有活给他们干的时候，他们就没钱赚，这时他们就有了存钱的动力。帕梅拉鼓励孩子把一半的收入存进储蓄账户，以备将来买大件的东西，剩下的可以当作随意支配的零用钱。

我的观点：坚持让孩子无偿干一些作为家庭贡献的一部分日常杂务是培养孩子社区责任感的好方法。

我们可以看到帕梅拉很早就开始教孩子通过长期储蓄为今后的消费做准备的概念了，这很明智并且足以令人感到振奋。去实践储蓄，哪怕只是收入的十分之一，都能增多一个人未来可以拥有的选择。如果一个人从很小就开始储蓄，那么他不仅在成长进程中养成了好的理财习惯，还加强了自己的财富观念，这些都会变成他的财富基因传承下去。

"祖父母"家庭

方法：给孩子有报酬的工作——不论在家还是在外

他们的目标：艾琳的两个孙子——17岁的雅克布和16岁的杰森，在中学表现优异。艾琳希望他们在家

理财师爸爸的财商启蒙课
Raising Financially Savvy Kids

中承担更多的责任，她还希望两个孩子学会通过合理规划来支配金钱、承担一些财务责任，比如买车，以及在需要额外的钱时想办法创造挣钱的新机会。

他们的制度：62 岁的艾琳要求两个小伙子每周做无报酬家务，而对于家务中的大项目，如清洁厨房瓷砖和修理渗水的水槽，孩子可以赚取工分，1 分相当于 1 元钱，一周最多可以得 10 分。两个孩子都在外面有工作，杰森每周平均赚 60 元，其中一部分来自教老年人电脑技能，但大部分来自给邻居家小孩当家教。雅克布 3 年后就要读大学了，每周教吉他赚 175 元。奶奶希望雅克布能够存起一半的收入，为读大学的首年开支做准备，这样读书时就不需要为钱而做兼职了。

当雅克布想用家里的车时，只要他存够车险的保险免赔金额，爷爷就同意他用车，这样做是为可能发生的交通事故做准备。为了帮助两个孩子实现自己的目标，曾是银行家的爷爷指导自己的孙子并确保他们每个人都有分类记账簿可以记录开支、余额，并且经常和他们一起检查账簿。

我的观点：这种职场导向型的方法优势有以下几点。其提供了稳定性、奖励的动力、孩子能自己控制时间和收入，最重要的是向孩子展示了很多赚钱的方法。

让雅克布为大学开支存钱的方法教会他设立除满足日常开支以外的其他长远经济目标，让他更多地参与自己的教育。爷爷教孩子记账方法、帮助孩子们追踪分析开支和储蓄行为，让他们开始像成年人一样考虑财富。为了更多地帮助孩子，爷爷奶奶可能要考虑给孩子做购物的成本效益分析。例如，150元的名牌跑鞋值得他们付出的那些劳动吗？答案和决定完全取决于孩子自己。这是训练他们在做决定前将问题考虑周全的一个好方法。

如果不能负担孩子的零用钱怎么办

当你发现自己没有足够的钱给孩子做零用钱时，会让你感到非常沮丧和恐惧。这可能是由很多原因导致的，其中一个就是收入无法赶上生活成本的飙升速度。但无论是什么原因令你陷此窘境，最终问题都是：我现在该怎么办？我可以不给零用钱吗？

这种情况需要立即行动。如果你处在这种窘境，就要知道你可以，也应该竭尽全力做能做的一切去尽快改变这一处境。1990 年，我经历过一次个人的"经济危机"，我的月收入还差 200 元才够家庭开销。在随后的 1992—1996 年，我收入微薄，不得不节衣缩食，同时我还需要靠开出租车的收入来补贴家用。

在痛苦日子的最后阶段，我幸运地遇到了一位人生导师。他教会了我一些关于金钱和人生的道理，对我的财富成功和幸福都产生了重大深远的影响。我永远不会忘记在自己深深陷入财务危机时获得的那些建议。

第一，问自己："我怎样才能负担起孩子的零用钱？"练习转换思维，不要陷入"为什么我负担不起孩子零用钱"这样的问题当中。

第二，深度检视自己的收支、资产和债务。每个人都有能挣钱和花钱的地方，也有财产和负债，如果还没有财务报表，那么你可以用网站上的预算表格帮助自己核算。将所有的收支都记账，并且努力减少开支。例如，可以拼车、自己带饭上班等，总有能缩减开支的方法。

第三，无论你的财务状况如何，税后收入多少，都要首先为自己储蓄。你可以只用税后收入的 1% 或 5% 来为自己储蓄，起点不重要，最重要的是开始行动（放入储蓄或财务自由账户存钱罐）。

第四，在周末、公众假期等空余时间兼职赚取额外收入。在我财务危机的时候，我的全职工作是 IT 专业人士，在周末我是兼职销售员。当我兼职的销售工作收入超过我的全职收入时，这就是我的转折点。

第五，我的理财生涯中最痛苦的考验之一是我的导师让我捐献出一小部分钱（分享账户存钱罐）给孤儿院或儿童之家，当时我自己都入不敷出。不管怎样，我还是照做了，且从未因此后悔过。现在我领养和资助了一些第三世界国家的孩子，直至他们能够自力更生。

无论你能不能给孩子建立零用钱制度，将以上这五个财务原则运用到自己的生活中去，都是建立理财习惯的重要步骤。记住，孩子在观察和学习我们理财的方式。除了传统的零用钱，孩子还可以通过其他方式收到钱，像生日

红包、奖学金和上学带的零用钱。当孩子有任何形式的
"收入"时，我们可以利用这些机会通过存钱罐制度来教孩
子管理金钱。

尽管当时财务困难，但是妻子和我都坚持给孩子们零
用钱。当然和别人家给孩子的金额不能比，我们花了一些
时间向他们解释为什么他们没有其他孩子得到的零用钱多。
我的孩子经常从家带食物在课间休息的时候吃，因为他们
的零用钱是要放在存钱罐里的。到了他们 21 岁时，加上生
日、圣诞和新年红包以及奖学金，我的每个孩子在他们的
信托账户里都积攒了 8000~10000 元。

给家长的"理财"提示

零用钱规则

想让零用钱制度起作用,规矩必不可少。既然零用钱制度将许多消费决策权从父母手中转移到了孩子手中,那么一纸协议也许有助于做出更好的消费决策。

你可以尝试回答以下问题。

- 零用钱将用于哪些消费项目?

- 你现在买的东西哪些是孩子将来能用自己的零用钱购买的?

- 哪些是无论用谁的钱都能买或不能买的?

- 基本的规则可以是"如果孩子花光了零用钱,他们将不会再收到额外的钱"吗?

零用钱指导方针

- 清楚一致。固定零用钱发放日,在金额和花钱的限度上达成一致。尝试拟订一份家长和孩子都要签名的"零用钱协议"。

- 孩子需要有一定的可任意支配的钱。他们需要练习自己做决定。孩子钱花光的时候,家长不要每次都来"救场"。如果想让孩子自己学会理财的话,他必须承担自己乱花钱的后果。

- 别用钱来奖惩孩子。因为成绩好、体贴家人或在家帮忙等事情而收到金钱奖励的孩子，他们可能会学会以钱的价值来衡量品质和成就。好的表现可以用其他方式来鼓励，比如来一次特殊的全家旅行，或只是简单的口头表扬，对孩子来说，这些都比金钱奖励更有意义。

- 在孩子的财务决策上要积极引导并给出建议，而不仅仅下达指示和命令；要鼓励和赞扬，而不是批评和指责，这样能帮助孩子建立对自己能力的信心。

- 尊重孩子的个性。记住每个孩子都与众不同，不要拿他们和兄弟姐妹或其他孩子做比较。

- 保持耐心。孩子学会理财，建立财务责任心都需要时间。不要频繁地提他们犯过的错，其实他们自己已经很清楚自己错在哪里。家长对孩子在钱上犯的错有过激反应会让孩子过分地觉得钱很重要。

家庭"财商启蒙课"

比价购物的乐趣

如果你和孩子聊起比价购物，你会惊讶他们对此是多么感兴趣。很多孩子都对细节着迷，如果你让他们寻找超市里最便宜的米，他们会非常乐意。为了让超市中的理财课更具体，你可以尝试把一包更贵的米和他们给你找到的那包便宜米的差价奖励给孩子。

我女儿9岁的时候，当她看到我们买的东西能通过会员卡返点和积分折扣省钱时，总是很兴奋。这些会员折扣和积分会写在每季度寄给会员的信件上，它们可以兑换现金、换礼品或购物券，这是理性消费的绝佳示范。

告诉孩子娱乐时可以省钱的小窍门

告诉孩子，如果他们调整消费习惯，将会有更多的选择。例如，在周末假期票价更贵的时候看一次电影的成本，可能比闲时要多花一倍的钱。这意味着可能要在非周末的晚上看电影，但这又有何不可呢？

有样学样

家庭财务支出如果不是列在你和孩子讨论的话题之首，那么结果就是，孩子可能不知道你花了多少心思和时间在家庭消费规划上。如果你还没有花费精力来规划家庭消费，那么现在就是最佳的开始时机。

生活预算

以下每个项目都有1000分，给每个项目在0~1000分打分，对你而言更有价值的项目可以多打几分。让所有家庭成员都做这个练习，友好礼貌地盘问其他人打不同分数的理由。

外出就餐＿＿＿＿＿＿＿＿＿＿＿＿＿＿＿

休闲活动（美术、音乐、写作等）＿＿＿＿＿＿

假期＿＿＿＿＿＿＿＿＿＿＿＿＿＿＿＿＿

玩具和游戏＿＿＿＿＿＿＿＿＿＿＿＿＿＿

和朋友聚会＿＿＿＿＿＿＿＿＿＿＿＿＿＿

运动＿＿＿＿＿＿＿＿＿＿＿＿＿＿＿＿＿

自由时间＿＿＿＿＿＿＿＿＿＿＿＿＿＿＿

买衣服＿＿＿＿＿＿＿＿＿＿＿＿＿＿＿＿

家庭时间＿＿＿＿＿＿＿＿＿＿＿＿＿＿＿

科技产品＿＿＿＿＿＿＿＿＿＿＿＿＿＿＿

娱乐（电影、演唱会、音乐节等）＿＿＿＿＿＿

其他：＿＿＿＿＿＿＿＿＿＿＿＿＿＿＿＿

数零钱

把几年中积攒的小零钱存放在一个大容器里，让你的孩子每年数一次，他们会惊讶于小小的零钱竟能积攒出如此大的数目，你可能会发现，这些零钱加起来会有几百元！

第 3 章

成为用钱的智者

经济不在于省钱，而在于智慧地花钱。

——托马斯·赫胥黎

你拥有多少又有什么关系呢？ 你所不能拥有的总是更多。

——塞内卡

想获得财富上的成功，设定目标是至关重要的。如果没有一个目标，就很难鼓励孩子或是不断督促我们自己去获得成功。但如何才能达到目标呢？建立一个财务制度。看看世界上的富翁们，我们会发现，不论遇到什么样的财务状况，他们都有与之对应的财务制度：日常支付支票、账单、投资、会计、税务申报、收据、设备手册、工资、扣款、保险、汽车保养、房屋维护、邮件、杂物、房屋租金收入、公司利润、奖金、股权投资、股息等。

生活中的每个领域皆是如此。回想一下上一次你设下的目标，下面这些目标我们都非常熟悉：

- 减肥和/或吃得更健康；

- 升职；

- 培养兴趣爱好。

一开始激情满满，不久后计划就烟消云散了，我敢打赌这全都因为没有一个切实可行的系统；你达到了目标体重，但几个月后体重反弹了或者你意识到自己太偏离生活常规了，这很可能跟你设定的目标有关（可能是目标不现实，或是你需要更多的时间），但更有可能的是你的制度较为薄弱。

制定一个制度可以迫使你去检查自己的生活习惯和生活信念。这意味着你要不断追求，坚持学习并解决那些过去视而不见的问题，同时把注意力心无旁骛地集中在最终目标上。这种做法在处理财务问题时尤其有效，因为我们都是在不知不觉中频繁地花钱和省钱。

我们要了解自己的终极目标和个人的局限性，将自己的主观偏好和不足考虑在内。在我们的经济生活中确实有很多东西需要深思熟虑，拥有一个好的财务制度将自动为思考这些问题设定正确的方向。

要知道人不是先有钱后才去养成良好理财习惯这个事实是非常重要的。有的人之所以致富，是因为他们先花费时间建立了他们自己的财务制度，这就是为什么在事业足够成功时，我们会使用"步入正轨"或者"运行良好"这样的词语来形容。难道你就不想通过建立这些路径，使你和孩子都驶入获得财富成功的"快车道"吗？

存钱罐制度

你需要给孩子建立的第一个财务制度是使他们的零

用钱收入和零用钱支出按照既定的方式运转。存钱罐制度是基本金钱管理制度的一部分，也就是说，运用这个制度，你的孩子会按照既定的方式处理他的钱（无论钱是从哪来的）。

这个制度的基础一定要打牢，这样才能保证你一直向着既定目标前进。使用了这个制度，你将不会跳出精心制定的制度之外做任何可能使自己后悔的事情！因为你知道当生活中出现用钱时机时该如何应对。你不用每时每刻都去想该拿钱干什么或是当挣钱机会出现时该把资金配置到何处。

与任何优秀的制度一样，存钱罐制度拥有易维护性和职责分离性的核心特征。易于使用且有助于让你的生活更轻松，同时也保持稳定。实现财务目标的过程中最大障碍之一是心理上的偏见。在丹尼尔·卡尼曼的书《思考的快与慢》中，他告诉我们输钱的痛苦程度是赢钱的快乐程度的两倍。这就是为什么人们不能让自己存足够的钱以实现自己目标的最大原因。这也意味着，一旦你运用了一种制度，该制度就能让你拥有巨大的心理优势，因为对于损失的厌恶是人们需要克服的一个很大的行为偏差。

"计划谬误"

丹尼尔·卡尼曼是 2002 年诺贝尔经济学奖得主。他认为所有人，尤其是专家，往往认为自己对世界更为了解，而这其实是一种被夸大的感觉。这其中包含一个"计划谬误"，我们倾向于高估收益、低估成本，所以承担高风险。研究表明，在面对诱惑时人们往往会高估自身的自律程度或克制力；一个设计得当的存钱罐制度会帮助我们远离这个"约束力的偏见"。

我设计这个财务制度的思路之一就是快乐理财和创意理财，这样一来所有年龄段的孩子就都能够参与其中并且不太需要别人的帮助就可以自己来维系这个制度。这个制度培养了他们管理自己零用钱的责任心，特别是对那些每月都有零用钱或者零用钱比同龄人要多的孩子来说尤其管用。

储蓄　　　　消费　　　　分享

💭 "发零用钱"的家庭仪式

我家的每个孩子在 2 岁时都会得到一个存钱罐。在这个年龄他们得到的每一分钱都意味着要进入存钱罐，这个罐子上还贴着写有"储蓄"字样的标签。等到他们长大了可以收零用钱时，我们会给他们另外两个存钱罐，分别贴着"消费"和"分享"字样。

每个星期天的夜晚，我们家都会举行一个小小的仪式，我的孩子会在那天晚上拿到下周的零用钱。我们会给他们小面额的零钱而不是一张大面额钞票，这可以让他们自己将合适数量的钱分配到不同的存钱罐。我们同孩子商量后决定每周向"消费"存钱罐投进零用钱的 60%、向"储蓄"存钱罐投进 30%、向"分享"存钱罐投进 10%。（最后我们调整了比例，依次是 70%、20%、10%）孩子们必须在拿到零用钱之后马上放入存钱罐，他们之所以没有借口说零用钱无法按照说好的比例划分并投入所属的存钱罐，是因为我的妻子已经将金额全都计算好了，并且给他们的零用钱也可以正好放入罐中。

我所有的孩子都知道并理解每个存钱罐的钱不可以互相拆借，只有"消费罐"里存的钱是不用经过父母的同意就可以完全自主使用的，而"储蓄罐"里的钱在他们 18 岁前是不可以使用的。每 3 个月或者当"储蓄罐"里的钱投满之后，妈妈会清空里面的钱，将它们放到儿童信托银行账户，这个账户是每个孩子在拿到出生证明时就有的。在他们的 18 岁生日时，我的每个孩子已经在该账户中累计存了 8000 元到 1 万元。（当我们在本书第 4 章中理解了复利的力量时，我们将会知道这是为什么以及是怎样做到的。）

对于"分享罐"里的钱，在家庭财务讨论会上经过讨论后，我和妻子通常全力支持我们的孩子自己来决定拿这些钱帮助谁。然而，如果"分享罐"里的钱没有在 3 个月后分享出去，爸爸妈妈会把钱加起来，全家一起讨论决定把钱捐给谁。我们通常会把这些钱捐给相关慈善组织或弱势群体，如在年末的假期和节日时捐给海峡时代学校的零用钱基金①或者救世军②。

孩子一天天长大，零钱罐中的钱也随之变多。同时，存钱罐制度必须进行升级以适应更大的需求。现在我的每个孩子（已成年）都使用 6 个而不再是 3 个存钱罐，它们分别叫作：财务自由账户、为了支出的长期储蓄账户、必需品账户、教育投资账户、捐赠账户和娱乐账户。与使用实体存钱罐不同的是，他们使用 6 个不同的银行账户来管

---

① 海峡时代学校的零用钱基金（The Straits Times School Pocket Money Fund），新加坡慈善助学组织之一。
② 救世军（The Salvation Army），世界知名慈善组织之一。

理每月的收入和支出。

升级财务制度

　　当孩子们进入职场后，不管他们那时多大年龄（通常是在他们 20 岁出头时），我都会建议他们"晋级"到 6 个存钱罐。这会让他们更有力地控制自己的收入和支出。这样一来，他们的财务制度将会变得更有效率。

🥄 启动零用钱制度

　　在实施存钱罐制度时，下面的这些建议可以用来帮助你的孩子。

　　● 养成一个有规律地、每隔一段时间给孩子零用钱的习惯。

　　● 坐下来和孩子一起设定目标。

　　● 描绘出你的梦想。

　　● 每个孩子的价值观都不一样。让他们自己决定他们的储蓄、消费和分享目标。

　　● 在生活中越早做财务预算，越可以帮助孩子体验到财富上的成功，获得自我提升。

　　● 协助你的孩子记录交易和分配——提醒他时刻记住

自己的目标。

- 孩子从自己犯的错误中有所收获是很重要的，这可以帮助他们建立合理的目标。

多年以来，存钱罐制度已经成为我给家长开设理财工作室的基础。他们的评价对我而言是宝贵的财富，也让我有机会洞察他们是如何在自己的生活中运用和执行存钱罐制度的。下面我列举了一些评价，粗体字部分是存钱罐制度优点的真实证明。

- **"我知道先付钱给自己的意义和重要性。如果不是你向我的父母介绍存钱罐制度，我将不会在自己的财务自由账户中积累数量可观的钱。**如果不是这样，我可能会和同龄人一样，整天嚷着需要更多钱或者一直向别人借钱。我很荣幸是你让我设立了第一套'小财神'存钱罐以及每次你在我家做财务评估时，我都能通过父母在家里学到你的理财课。"

- "这些年来我拥有的这些存钱罐让自己能一直掌握自己有多少钱以及这些钱都花到了哪些地方，进而让我成了一个很棒的理财大师。当面对未付账单或不知道另一个账户是否还有存款时，**我不再措手不及。**我不再担心通过网络或支票付款时会让自己意外'透支'。**我确切地知道自己有多少钱，**不像很多同事那样对自己的钱的来龙去脉毫不知情，他们总是在发工资之前就把钱花完了。"

● "当把钱分别放在不同使用目的的存钱罐时，**我总能有更好的计划**。现在我可以在自己的能力范围内选择伙食或物品，我可以有意地选择吃一周美食广场的食物，然后在接下来的一个星期用剩下的钱吃些好的。这样我可以更好地犒劳自己。**如果数算得对，结果肯定错不了，我能做到心中有数。我爱自己的存钱罐和它带给我的自由**。"

● "当我开始把工资分别放进不同存钱罐之后，我真的感觉到自己的钱变多了。我以前总是冲动购物，但现在我把所有钱都省下来，一瞬间，似乎拥有了很多的钱而且**除了能满足自己的生活必需支出外，我还能有一些钱买自己想要的东西**。"

● "几年前我们曾经认为存钱罐制度对孩子来说不免幼稚。但因为你的坚持不懈，我们还是实施了。自从零用钱制度和存钱罐制度在我家实施以来，**我们和孩子们在钱上的争吵就越来越少了**。孩子们逐渐熟悉了这个制度，我们也和孩子们一起用更多的时间把这两个制度变得更加完善。"

存钱罐制度运行得好是因为它集一个好制度的所有特点于一身，且使用简便。它能帮助孩子不费力气地管理零用钱，能实实在在地确保他们获得财富上的成功。如果我只能给你一个提示，那就是执行并坚持存钱罐制度。

你必须要有这样一个储备金钱的方法，别的方式真的没这么有效，让存钱罐制度变成一种仪式，让它成为人们希望遵守且必备的零用钱处理方式之一。对青少年而言，他们很乐意拥有自己独立的制度，这可以帮助他们在越来越繁重的生活中厘清储蓄的过程和目标。

把钱放进存钱罐

你给了孩子零用钱，现在孩子有大把的钞票可以消费，那接下来呢？许多家长抱怨他们的孩子花零用钱毫无节制或是根本存不下多少钱。因为一旦出现了这种情况，一些家长就认为孩子还不具备管理金钱的能力，从而停止给孩子零用钱。一些家长只给孩子够用一天的零用钱并且指望仅凭这样就可以让他们的孩子在处理金钱方面变得成熟。

这些都会适得其反。在收入和花销之间应该有一个财富增长的必要部分，也是被人们称作"储蓄"的部分。所以，我相信第一步是帮助你的孩子建立一个基本的理财制度，这个制度可以让财务收支实现"自动化"。

储蓄的好处之一是延迟满足。劝说孩子延迟满足并不容易，尤其在当下的社会中，"即时"是最重要的事情。培养通过等待去拥有某种想要的东西，对于孩子而言是一个很长的过程。

🥢 为何要延迟满足

一些家长对于未能及时满足孩子的购买欲望而感到不安，正如我在前文中指出的那样，我们今天的世界相对于过去更多的是基于即时、速度以及立即获取。宣扬"等待"的美德看上去似乎有些过时和古板，但是延迟满足是有其价值所在的，而且这是一项需要习得的技艺。

延迟满足是孩子们想要获取成功而必须要掌握的一项重要技能。我们在生活中要做到延迟满足的地方非常多。这意味着花费晚上的时间去读一本书或学习一项新技能而不只是看电视；这意味着玩电脑游戏之前先做家庭作业。只有你延迟满足的次数越多，未来享受到的满足感才会越好，你的生活中才会有越多的可能性。获得延迟满足的能力需要有良好的主次判断能力和组织技能，正是延迟满足这项技能可以让更大的目标和理想变为现实。

基本上，延迟满足就是管理注意力。负责管理注意力的大脑前额叶回路的主要发育阶段就是从出生到 20 岁左右。有关人体大脑的研究表明，这个脑回路是十分灵活的，经过有意识的训练后会变得强大，强大到可以保持全神贯注，也可以排除干扰使自己重新回到本该关注的事物中。

储蓄　消费　分享

"存钱罐制度"可以帮助孩子
建立起管理零用钱的责任心

　　有些孩子天生对此很擅长，但是对于所有孩子而言，在面对常见的诱惑，如智能手机、iPad、电视等，他们就很容易妥协了。这体现了一个重要的事实——"今天的孩子与过去的不同！"我说的听起来也许像是废话。但是，理解这些不同是很有必要的。这与他们追求的时尚或说话的方式无关，也不是因为他们比上一代人更早熟。而是因为今天的孩子成长在一个数码世界中，他们的生活从未远离电脑、手机、平板电脑、电子游戏或网络，即使他们比同龄人要少"装备"一些东西（孩子总这么和家长说），他们仍然是被电子产品包围着，我们的孩子是"数码原住民"。

　　回忆一下我在第 1 章提到的经济格局的变化，你的孩子需要通过在一个全新的环境中成长并学习以适应这种趋势，而在这个新的环境中所需要的生存技能与你还是孩子时所需的技能是稍有不同的。心理学家、社会学家、教育学家和营销家想出了概括这独特的一代人和他们独特个性的词：从"Y 一代"到"千禧一代"。

不同时代，不同需求

　　"数码原住民"是出生并成长在数码世界的孩子，这个称号可以指 2000 年或之后出生的孩子，而这正是数码时代来临之际。教育顾问马克·平恩斯基在他

2001 年发表的文章《数码原住民，数码移民》中首次提出了这个名词。他声称这个时代的孩子与我们截然不同，以至于我们不能再基于 20 世纪的知识和接受过的训练来指出孩子该接受什么样的教育对他们而言才是最好的。

下面是一些我们的孩子追求"及时行乐"的例子，这些都是前所未有的方式。

- **交流方式**。发不完的短信和不断更新的社交媒体（如微信、微博等）意味着朋友们可以持续不断地了解彼此的生活。

- **交友**。当然，真正的友谊还是需要时间去经营的，但是交朋友不再是尴尬或痛苦的过程。如今，用了类似微信"朋友圈"之类的社交网络之后，人们可以跳过互相了解的过程在社交网络上直接变为朋友。即使只见过一面甚至完全没有见过面，只要一方接受了另一方的好友添加请求，双方就可以瞬间成为"朋友"。

- **制造回忆**。随时拍照。

- **购物**。线上点击，用信用卡支付，你购买的货物就能在数分钟内送到你家门口，消费从未如此简单。

著名的棉花糖实验

20 世纪 70 年代早期，心理学家沃特·米契尔进行了一项实验，意在测试孩子们是否可以很好地处理延时满足。他和同事将 600 名学龄前儿童一个一个地安排在一个房间里。然后他们在每个孩子面前都放了一个盘子，里面放着一个奥利奥曲奇、棉花糖或者椒盐卷饼。之后孩子被告知研究人员需要离开房间几分钟，同时也给了孩子一个选择：如果孩子等待 15 分钟，等到研究员回来，那么他可以得到两个棉花糖；如果孩子等不了可以敲击铃铛，那么研究人员会马上回来，但他只能得到一个棉花糖。

你可能看过一个关于这项实验的视频，其中有些孩子轻咬棉花糖，捏扁，挤压，嗅了嗅，把棉花糖在盘子里滚来滚去…孩子们在等待第二个棉花糖过程中的行为非常有趣。

这项简单实验的结果产生了深远的影响。后续研究表明，有能力等待的孩子会有更好的成绩、更健康、拥有更高的收入和更好的职业发展，也能更好地保持和他人的关系。能够做到延迟满足的人 SAT 分数平均要比做不到的人高出 210 分。基本上，他们的生活更美满。

米契尔的棉花糖实验是心理学史上最著名的实验之一。它证明除了智力，自控力（或耐心）也是一个成功的主要因素。前额皮质区域与冲动和行为控制有关，高延迟享乐者的前额皮质区域比低延迟享乐者表现得更加活跃。

另一个著名的棉花糖实验

心理学家塞莱斯特·基德决定检验环境到底是不是决定孩子们的"意志力"的一个因素。这项测试挑选了28个孩子，孩子们被告知这个实验是为了一个艺术节目。

第一组儿童所在的房间中放有一瓶用剩下的蜡笔头，研究人员告诉他们有一个选择：他们可以使用这些蜡笔头在纸上画画，随后这些画将被制作到一个杯子上，或者也可以等待工作人员几分钟后带来更好的工具。他们都成功地等到了大人们带来更完备的工具。

然后，研究人员容许这组孩子作画，并给孩子们另一个延迟满足的选择：他们可以决定将一个小的但不是特别漂亮的贴纸用在他们的画上，或者等上一段时间工作人员会拿来大的贴纸（上面有卡通人物，如玩具总动员中的角色或迪士尼公主等）。研究人员返回

房间，兑现了他们的承诺。

第二组孩子面临的也是同样两种情形。但在这两种情形下，等待之后的孩子得到的却是大人们的歉意。美术用品已经用完，给孩子们留下的还是相同的东西：令人厌恶的旧蜡笔和毫无新意的贴纸。

在随后的棉花糖实验中，这两个不同的经历深刻地影响了孩子们的行为。第一组等待成功的孩子，能够更长时间地抵抗棉花糖的诱惑，平均 12 分钟；14 个孩子中，9 个能为第二个棉花糖等满 15 分钟。在第二组中，只有 1 个孩子等了。孩子们在本组棉花糖实验中仔细地计算了大人们兑现承诺的可能性，而不是和他们的冲动做斗争。

对于一半的孩子，大人们兑现了承诺中要做的事情，孩子的延迟满足得到了回报。其余等待大人们承诺的美术用品的孩子，最后什么也没有得到，这对孩子而言是一个令人沮丧的体验！延迟满足感只是在孩子们相信第二个棉花糖会在合理的延迟后能够得到的这种情况下的理性选择。

等待以后会有更多棉花糖吗

米契尔的实验倾向于观察孩子们的勇气和决心，

许多学校和教育工作者也倾向于把自我控制作为孩子与生俱来或成长过程中的一种品质。另外，基德的实验表明，自我控制和愿意等待也是情境特质，研究人员认为这在很大程度上是真实的。如果一个孩子（或成人）所处的环境中，承诺总是被打破，结果总是不确定的，那么最理性的反应就是吃掉面前的棉花糖，而不是冒险等待未来所承诺的棉花糖。两项实验都提供了有价值的见解来说明延迟满足是如何起作用的。在我们理解了这一点后，就可以更好地与我们的孩子相处！

科学家称延迟满足能力是管理能力的一部分，它包括心无杂念集中注意力，使用有效记忆、延迟满足和其他有用的高层次思维，有些人称为"心智健康"，有些人只是将其称为"守纪"和"服从"。

孩子将要在一个技术和即时满足交织的环境中学习延迟满足。不论怎么做，如果你想帮助孩子形成良好的理财习惯，就要帮助他们实践延迟满足以保持经济上的自律。你可以通过鼓励他们存一定量的钱以实现一个可行的目标来使他们走上正轨。

适应能力不是少数幸运儿与生俱来的，相反我们可以采取行动来培养这种能力。延迟满足依赖于以下这些能力，

多加练习有助于培养这种能力。

1. 等待

让你的孩子习惯等待或为得到某种东西进行储蓄。绝对不要借钱给他们去买超过他们零用钱购买力的东西。寻找机会跟孩子强调这一点：如果把钱花在即时享乐上，他们就将无法购买自己真正想要的东西，他们想要的真的是冰淇淋、汽水或玩电子游戏吗？

2. 反省

帮助孩子们真正体验他们的消费选择带来的结果。当他们买东西的时候，留下记录，一个星期后（对于年龄较小的儿童而言）或一个月后问他们那次消费选择是否明智，这钱花得值吗？

3. 巩固

基于良好的习惯来巩固。巩固孩子已有的良好行为总是更简单些。记录孩子的储蓄情况，这样他们就可以看到自己月复一月、年复一年所取得的进步。我在自己的每个孩子一岁时就开立了儿童信托储蓄账户，把他们从周岁庆祝、每年的生日、新年庆祝活动收到的所有礼金和零用钱都存进去。我拥有一些关于复利的宝贵经验，并且见证了孩子们的储蓄随时间的增加，特别是在那些利率非常高（4%～5%）的日子里。

最后，让孩子们有感恩的心。我发现这是能让你的孩子聪明地存钱和花钱的一个非常有用的技能。当孩子说

"请"和"谢谢"时，他们会知道自己正在享受的东西或经历是别人给予他们的。这种做法激发感恩的态度并有助于建立起分享的能力，我们将在本章后面讨论这一点。

正确引导花钱大手大脚的小消费者

良好的消费习惯和良好的储蓄习惯密不可分。精于消费的人更会存钱，也会做出更好的消费决策。所以，在教导孩子储蓄的时候，我们还必须让他们留意自己花钱的方式。

家长必须做好自己分内的事情，因为有一个进击的媒体不断叫嚣着要"教"你的孩子如何花钱。从电视、平面媒体到互联网、电视节目、电影里都植入了广告，网络和游戏世界里也遍布着互动式广告。除此之外还有各种赞助商、比赛和产品代言。广告伪装成"免费"手机铃声、调查、接力式游戏和测验进入孩子们的世界，并在孩子回复或转发时获取电子邮箱地址。广告的图片诱人、文案精致。同广告周旋将成为孩子在他们的世界里经常做的一件事。

广告并不是什么新鲜事，我们甚至还能饶有兴趣地回忆起小时候的一些广告歌曲。但是，请先回忆一下在第 2 章中讲过的，我们应该努力消除的是孩子认为自己拥有"特权"的那种感觉，而让人觉得拥有"特权"正是广告和

营销所要传递的标准信息！这些广告规模更大，分布更广，而且更成熟老练。

全世界的广告费用每年超过 5000 亿美元。事实上，许多孩子每天沉浸在一些媒体中的时间超过 7 小时，这意味着他们接触广告的时间达到创纪录的水平。

孩子们 8 岁前每年要被 45000 多个商业广告"轰炸"。儿童（和大人）都喜欢看电视，因为它是一种重要的情感媒介。广告的目的就是要让观众全程盯着屏幕，不碰遥控器。只要用户有半只眼睛留在屏幕上，广告就可以通过高超的制作效果将他们吸引住。仅仅是针对儿童和青少年的垃圾食品营销就已经是一个价值数十亿美元的产业。

电视是如何影响你孩子的

美国儿科学会建议，2 岁大的孩子每天看电视的时间不应超过 2 小时，而 2 岁前不应看电视。一项跟踪近 2000 名加拿大儿童的新研究显示，他们从出生就开始看电视，到 2 岁时电视看得越多，5 岁时词汇、数学、运动能力掌握得越差。3 岁之后，有证据表明合适的学前电视节目还是有益的。不过在此之前，许多科学家认为最好还是避免或严格限制看电视。

许多公司会很早就开始培养对品牌有忠诚度的消费

者——孩子就是忠诚度非常高的群体。孩子三岁到五岁时就可以在"闪识卡"上识别快餐、零售商店的商标和电视图标。如果你的孩子对这些敏感，那么你甚至可以从他们穿的衣服看出他们崇尚的是哪个明星和品牌。在娱乐圈中，幸福是与物欲结合在一起的，它不断地促使人们过度消费。研究还显示，反复让人在不知不觉中接触一种物品的刺激会产生一种"曝光效应"，该效应提高了人对此物品的好感。

生活在"致胖"的环境里

我们很可能会在将来更多地听到这个新词汇，"致胖"环境是指促进体重增加、不利于减肥的环境。媒体，如电视和网络，被认为是这种环境中的主要驱动力。

1980 年，加拿大魁北克省禁止网媒和纸媒刊登针对 13 岁以下儿童的快餐广告。随后英属哥伦比亚大学的一项长期研究中发现，魁北克省的肥胖儿童最少，该项禁令导致快餐销售量减少 13%，孩子的减少预计 20 亿~40 亿卡路里的快餐消费。

根据食物和水源守望组织[1]的报告，4 岁以下的儿童不能对电视节目和商业广告做出区分——节目内容和广告对他们来说是完全没有区别的。许多研究表明，广告对孩子的影响要远远超过家长。如果是这样的话，你是选择早期干预，还是让那些公司来影响你的孩子？作为家长，你需要了解一些针对儿童的广告在未来的变化趋势，这也有助于你认识自己生活的世界。

国际社会呼吁限制向儿童投放食品广告

北美最大的科研和职业心理学家组织，美国心理协会（APA）报道，8 岁以下的儿童不能够批判性地理解广告。孩子们认为广告是"真实、准确和公正的"。由世界卫生组织（WHO）和医学研究所（IOM）做出的国际调查显示了一致性的结论，即广告和儿童的不良饮食存在联系。2010 年，一些国家和地区共同开始采取措施控制并加强食品市场标准，其中包括：加拿大魁北克省、英国、韩国、芬兰、丹麦和马来西亚。另外，一些国家则选择自己制定标准，其中包括美国、澳大利亚和新加坡。

下面是一些令人感到吃惊的以儿童和年轻人为受众的

---

[1]　食物和水源守望组织（Food and Water Watch）是美国的一家民间非盈利性组织。——译者注

媒体广告例子。

- 2006 年，塔可钟①曾发起过一项让孩子吃"第四餐"的活动，这顿饭是在晚餐后和第二天早餐前吃，而这个时间段是孩子应该睡觉或做家庭作业的时候。

- 研究表明，幼儿能够准确地识别品牌标志，他们更喜欢麦当劳外包装里的食物。

- 名人、真人秀明星和音乐人在推特上推广特定的产品或品牌一次赚 10000 美元以上。不像其他的赞助广告，这些名人的推广并没有贴着"广告"的标签。

- 你在 Facebook 点击的每个"赞"和每个评论都被系统记录。广告商正是通过在 Facebook 和其他社交网站上收集行为数据来量身定制引诱你的广告。

那么作为父母的我们该怎么做？我们可以粗暴地拔掉网线，关掉电视并没收所有移动电子设备吗？实际上，我们可以限制使用其中的一些，之后我会给出一些相关建议。但是我们不能一味地抵抗，也不能被动地将所有好的东西和不那么好的东西都抵制了。你能做的最有用的事情是培养孩子应对这些信息影响的技能。

首先，让我们再认识一些和广告相关的重要注意事项。

- **广告是给有闲钱的人看的。**广告的目的是卖东西，有

---

① 塔可钟（Taco Bell），世界上规模最大的提供墨西哥风味食品的连锁餐饮品牌，隶属于百胜全球餐饮集团。——译者注

时推销的是烤箱或是大家电，但大多数时候是一件衣服、小玩意儿或是餐馆里的一顿饭。这些东西并不是你需要的，它们是针对那些有闲钱去满足自己欲望的人。

● **广告是具有操纵性的。**广告给我们描述了一件产品，不管是真是假，都是很主观的。广告的本质是告诉我们：什么是我们必需的，进而卖给我们产品。为什么这很重要？因为大多数时候，我们看电视并不是为了思考事情，而是为了放松和享受！这意味着你会接受几乎任何提供给你的建议。因为看电视是一种被动行为，你甚至对正在发生的一切毫无意识。

● **广告奏效是因为它能带来情感上的共鸣。**事实上，情感共鸣天生就刻在我们的大脑里并对我们的生活至关重要。广告是经过精心制作，并将情感附加在事实、观念和印象上的。附加的情感越强烈，说明我们越可能有意识地对所发生的事情产生共鸣，因此事情就变得更加难忘了。

● **我们的大多数欲望都源于我们的参照系。**娱乐节目为我们展现的是普通人过着超出他们消费能力的生活，且毫无经济压力，我们称之为"参照系"。无论是否有意，我们总是会把媒体、现实生活呈现给我们的生活方式，或是让我们觉得有吸引力的生活方式作为自己的"参照系"。

广告并非新鲜事，在传递重要信息方面，它们可以起到一定的作用。但是，我们应该帮助自己的孩子应对来自广告的"狂轰滥炸"。

帮助孩子解释他们所处的物质世界

学龄前儿童

● 选择无广告的儿童电视节目。

● 让他们明白包装上印有诸如"大鸟"① "愤怒的小鸟""米老鼠"等著名卡通形象的产品并不比没有这些形象的产品好。

● 解释广告和电视节目的区别,帮助孩子理解商业广告在一定程度上是"虚构的"。

● 给孩子别的事做,而不只是看电视。跟朋友或家人玩耍,分担家务,阅读绘本和杂志,画画或填色,学习演奏简单的乐器、编故事、游泳等。

6 岁至 12 岁儿童

● 和他们聊聊看到和听到的广告。孩子在这个年龄足以理解广告是如何运作的,跟他们解释虽然广告商不能说谎但他们可以暗示不正确的东西。

● 解释广告商在广告中使用的"技巧"。例如,广告商经常使用凡士林让汉堡看起来鲜嫩多汁。(见表 3-1、表

① 大鸟(Big Bird):美国少儿节目《芝麻街》中的角色之一。——译者注

3-2 和表 3-3)

- 讨论广告是如何影响你的家庭和你的选择的。研究杂志上的广告或其他纸媒广告，特别注意上面那些经常出现的"卖"字和那些广告声称的能证明或不能证明的产品性能。

- 纸媒上写的，电视、网络、电影里看到的，或收音机里听到的都有什么？

- 广告到底给你传递了什么信息？

- 广告商想让你做出怎样的思考？

- 你觉得广告怎么样？

- 广告如何帮到你？

12~18 岁青少年

- 揭开品牌之谜。谈谈为什么某些名人要展现某种态度和生活方式，指出电影中的产品植入广告。

- 告诉孩子手机是用来通信的。每用它浏览一次网页，你就为广告的洪流打开了闸门。

- 问问他们的看法。广告向我们隐瞒了哪些信息？这类广告带来了什么问题？

表 3-1 广告是如何运作的

广告是如何起作用的	
诉诸传统	声称让你有全新的体验
见证	依赖于一个代言人，一个电视明星或是公众形象为产品代言
讲究派头的诉求	消费者使用该产品后立即步入社会精英的行列
促销	买一赠一，如消费汉堡包就享受免费炸薯条

续表

广告是如何起作用的	
流行趋势	试图让你觉得如果自己不拥有一件这样的产品就会落伍，毕竟"其他人都有啊！"
奉承	暗示只有聪明人、有钱人和明星才消费这种产品
性吸引	利用性吸引力来推广产品

表 3-2　广告商用的什么技巧

广告商都用什么技巧	
音乐	音乐和其他声音效果添加到广告所创造出的氛围中可以帮助确定广告的目标受众，并可作为一种过渡元素。广告歌曲都很洗脑，很容易让观众记住
情感	广告诉诸大多数人类体验过的情感，如爱、恨和欲望。情感往往能促进产品的销售
明星效应	用名人来推广产品，例如，用篮球球星勒布朗·詹姆斯来推荐某品牌的内衣或运动鞋
流行	唤起大多数人的欲望，让他们觉得自己就是赢家
狡猾的广告词	法律规定广告必须基于事实，但广告商经常使用误导性的词语，如"属于某某的一部分……"，"尝起来就像是真的……"，"因为我们关心……"
移情	将产品和积极的联想结合起来 例如，使用移动数码设备都是"酷"且有活力的人

表 3-3　在广告中寻找什么

在广告中寻找什么？		
风格	数量	作用是什么
颜色	可用性	正常价格
尺寸	特征	之前价格
重量	谁制造的	时价
形状		

🥢 我必须拥有我想要的

除了对生活中的广告有意识，孩子们也要学会区分需求和欲望。定义可以很简单："需要"是我们赖以生存的东西。这包括食物、水、住所、一张床，基本的衣服和可靠的交通工具；"想要"是一切我们想要，但并非必需的东西。

如果想成为好的预算管理者，孩子们必须在如何花钱方面做出经过仔细思考的决策。决策的一个关键部分是考虑成本和收益。"好处"是你期望享受到的好的事物，而这源自你做出的选择。"成本"是当你选择一条道路时放弃的另外一条道路，即机会成本。我们都知道，生活充满了选择，所有这些都涉及成本。当明白这个区别后，你就可以帮助自己和孩子打破工作—花钱—需要—想要的常见恶性循环。

下面的这些思考将帮助你和孩子辨别需求和欲望。

• 它是必须替换的东西吗

如果不是，鼓励你的孩子把钱存起来买更好的东西。例如，如果资金紧张的话，可以坚持继续使用一年目前的笔记本电脑。如果你的孩子想要一台新电脑或手机，但并不是真正的"需要"，那么就和他们讨论一下他们可以挣钱买这件昂贵东西的方法。

- **保持积极性**

让你的孩子知道，如果预算有富余，他们可以用多出来的钱购买一些在"想要"清单上的其他物品。编制预算是早教中重要的一课，这个技能会让你的孩子终身受益。

- **做盘点**

和孩子一起去购物之前，让他们清洁房间，整理出他们已有的东西，或者他们想要更新换代的东西。这能让你决定他下学年真正需要的东西是什么，而不是那些拥有了就会显得酷炫的东西。这也能减少购物时的矛盾。如果有必要，也可用清单列明"需要的"和"想要的"东西，让你的孩子辨明哪些是基于可用预算而绝对需要的。

你的孩子真的想要那个东西吗

当你的孩子看起来真的想要一件东西，但购买这件东西会打破他的预算平衡时，试着先让孩子的这种激动情绪缓和一阵儿。要基于孩子的年龄和他想花的钱数来劝阻孩子的冲动性消费。假如你的孩子看到一款电子游戏，标价 55 美元，尝试让孩子冷静至少两周的时间。很有可能，他会找到另外一个自己愿意把钱花在上面的东西，或者他会觉得自己不是真的想要那款游戏了！

🥟 大胆地去试错

学会理智消费的过程中将牵扯大量的试错。如果你给孩子零用钱，但坚持干涉他所有的购买行为；或你的孩子每次透支零用钱时，你都给他预支下一次的零用钱，那么理财教育的效果将会打折扣。

分享，作为一种生活方式

经过在我的财富训练课和理财工作室中与不同年龄的孩子打了多年的交道后，我发现孩子天生是擅长给予的，他们对自己的东西，包括钱在内，都十分慷慨。当他们长大之后，分享会减少，支出会增加。在这里我们不讨论哪些因素在起作用，但我们可以确信的是：让孩子抓住每一次机会，让他们能够发扬自己天生乐于分享的精神，并在孩子小的时候让他们明白分享精神的重要性，就可以防止孩子乐于分享精神的逐渐消失。当我们为孩子制造分享的机会时，这种天然的源自同理心的行为，会成为一种习惯、一种生活方式。

让一些年纪小的孩子去分享会有一定的困难，因为在 4

岁之前他们还不具备理性的认知能力。父母只要观察自己的孩子在幼儿园、操场上或者只是在家中与人互动，就会发现孩子的这种紧张情绪。当谈到什么是属于他们的，他们会觉得自己所拥有的就是自己不可分割的一部分。但是，如果一个孩子不发展出分享这种自然的且重要的人类技能，他将产生一种自己拥有"特权"的感觉。孩子也会在最终通往财富成功的道路上缺少关键的一步，这是毫无疑问的。

学习分享

你知道"我的"是一个幼童嘴里最早蹦出的词汇之一吗？1岁的婴儿分享他们的妈妈有困难，2岁的孩子则是分享玩具有困难。放心，这是正常的。正如"分享"是自然的，但是也有一个发展的过程。在孩子的成长中，"自私"要比"与人分享"来得更早，特别是当孩子开始区别自我与他人并且开始理解物品和物权的意义时。

但我真的必须分享吗

许多家长发现孩子的分享能力反映了孩子的教养，所

以"促使"孩子分享使他们感到有压力。但分享或给予不仅仅是我们放弃自己的玩具、东西或财产。分享是恩惠①，恩惠是无法挣来或买到的，它是免费的施与。它没有不可告人的动机，它是无私的，是不经讨价还价的。恩惠存在于每一个真诚给予者的心中。如果恩惠是礼物，那么即使最卑微的礼物也让人感到温暖和高贵，可以创造并传递爱。但是如果没有恩惠，即使是最耀眼昂贵的礼物也是冰冷无情的。

然而，如果你首先想到的是自己，你的礼物有附加的条件，或者你的礼物含有复杂的意思，那么你是没有带着恩惠去给予的。强迫送出的礼物——我不想，但还被迫要送的礼物，以礼物促使接受礼物的人给你好处的给予都是毫无恩惠可言的。

当作为父母的我们想让自己的孩子去与别人分享或给予他人时，反思一下我们教过他们要带着恩惠之心了吗？或者对一些人来说，仅仅是用旧玩具换一个学习的经验，而丝毫不考虑接受玩具的孩子是否舒服、是否尴尬以及他们有什么样的感受？

---

① 此处"恩惠"的原文为 grace，具有优雅、恩惠、魅力、慈悲等的意义
——译者注。

练习一个关键的技能

基于恩惠的同理心，是一种与生俱来的品质。回忆一下孩子用他们的慷慨和同理心让你吃惊的每一个时刻。例如，你的学龄前孩子将他最喜欢的一个玩具给一个正在哭闹的婴儿玩耍，或当你磕伤脚趾头时，5岁的孩子冲过来给你一个拥抱。

教会你的孩子分享或给予是很关键的，不要把这项重要的任务交给外部环境。当你听到孩子说"这是我的"的时候，你就知道他们已经可以开始学习分享了，这可以比教孩子储蓄和消费的相关知识更早些。

决定分享

当我们出于善意培养孩子给予时，我们的教育方式有时会过于严厉。尤其在他们年纪小时，我们强迫他们分享。强迫分享实际上让拥有这个东西的孩子感到羞耻。而对于接受玩具的孩子来说，他会认为"什么东西我都能拥有，因为别人不得不和我分享"。

想象一下，如果你的老板走进办公室，拿起你桌上的笔记本电脑转身就给了你的同事。只是想象一下这种"不

公平"的感觉，就可能让你义愤填膺。

为了让孩子学会给予，给孩子一个体验牺牲自我的机会。别把一样东西从你的孩子那里拿走，然后立即就给了别人。即使是一个来自他们自愿的小小牺牲，也比其他因素更能让他们学会分享，父母可以通过选择放弃在外吃午餐或整个家庭放弃周末外出就餐，而把节省下来的钱捐出去的方式来引导孩子。

分享只是我们教导孩子去做的事情中的一小部分。我们教育他们要分享、有礼貌、善待他人，他们也从中学会如何解决冲突。研究表明，当面对艰难选择的时候还选择分享，就会让孩子在一个全新的更好的环境中认识自己。从这个新角度，孩子开始理解许多重要的事情。当让他们自己做决定与别人分享自己拥有的宝贵东西时，这会让他们在将来与他人分享更多的东西，他们将开始意识到以下三个方面。

- 给予的感觉很好。

- 给予不会使我变糟。

- 他们有权利和能力去给予。

这三个意识让他们对自身有了全新的认识。因为分享可以有多种形式，这些不同的形式给孩子们的学习和成长提供了很多机会。例如，当学龄前儿童帮助父母把衣服分发给孤儿院的孩子或贫困家庭的老人时，他们会意识到有很多人并不像他们这样幸运。孩子们能从中学到的东西很多，以下是我的孩子从中学到的。

● 它有助于抵消在与父母外出购物或者看电视时，孩子表现出来的"给我"或者"我想要"的本能反应。

● 与那些不太幸运的人分享是一个使我的孩子感觉到自信的有趣方式，看到别人对所接受的一切表达感激可以帮助他们建立自信。

● 我的孩子长大后变得更加关怀别人，他们意识到可以通过帮助别人提升自己的幸福感。

● 我的孩子更好地理解了什么是责任以及如何珍惜并感激自己所拥有的一切。同理心对这些给予和接受给予的人来说都有深远的意义。

● 孩子们会理解他们的人格和身份的养成不是由他们能拥有多少来决定的，而是由他们能给予多少来决定的。

给家长的"理财"提示

做决定

● 在做一些并不重要的决定时，让孩子参与进来。例如，在菜市场向孩子解释为什么你选择一种蔬菜，而不选择另外一种蔬菜。大声地问自己："我需要这个东西吗？我可以向别人借吗？别的地方会卖得更便宜吗？"

● 给你孩子几元钱，让孩子自己决定买什么水果。

● 讨论你们家是如何做出购物决策的。想想哪种物品比较重要：是薯片还是新鲜水果？是牛奶还是饮料？

● 当你的孩子期待最喜欢的节日或者等待你的犒劳时，跟他们强调有时候我们需要耐心等待自己想要的东西。

练习给予和分享

给予不是一次性的行为，而是一种贯穿一生的生活方式。这里是一些关于如何让你的孩子建立这种生活态度的建议。

● **教孩子捐赠**

随着时间的推移，孩子们积累了很多他们不再需要或使用的东西。与其把玩具和衣服扔进垃圾桶，还不如捐给可能需要它们的人；与其让这些东西变得没用或不再被珍惜，还不如让它们既能重复利用，又能造福他人。

每年，在我的孩子为下学年购买校服和作业本之前，他们都要整理内务，把旧物品带到学校给需要帮助的同学。

● 听取孩子意见

当家长让孩子参与讨论什么可以给予以及给谁时，孩子对给予更感兴趣。

例如，每年我和妻子都会领养一个孩子。我让孩子们参与选择要资助的孩子的国籍和性别。在家庭财务讨论会那天我们会阅读并讨论被我们收养的孩子们发给我们的每一份邮件、照片或发展报告。

有时，当电视节目或报纸中出现一些需要捐助的不幸家庭、遭受地震或洪水的灾民，我们的孩子会整理出"分享罐子"里所有的钱来帮助这些人，这都是他们自发的行为。

● 这与钱无关

除了捐赠物品，还要告诉孩子，对有价值的事物付出自己的时间和精力也是分享的一种方式。当他们帮助学习能力较弱的同学或者在社区服务中心免费为

别人补习时，孩子能更好地理解分享的意义。对街上的人报以微笑，给朋友写一张卡片，陪伴一个孤独的亲人都是他们可以帮助别人的方式。

- **生日派对也可以办成慈善活动**

多年前我参加过一个客户孩子的生日派对，主人鼓励所有受邀的客人把物品，诸如书或衣服，带到派对上并捐给无家可归或有需要的人，而不是把昂贵的礼物送给过生日的孩子。我喜欢这个主意，并认为生日是教孩子关于获得和给予价值的最好机会。当给孩子们教授如何给予时，他们将被赋予使社会变得更美好的能力并且为光明的未来而努力开拓。分享可以成为一种生活方式，孩子越早体会到他们无私的行为带给自己的积极感受和回馈，他们和其他人从中获益就越多。

- **向他们展示成果**

有时孩子会走过场般地参加一些志愿活动，而不知道自己为何这样做。向他们展示照片，纪念品或成果——任何能体现他们努力的效果并能给他们留下深刻印象的东西。让他们能看到、听到，告诉他们你为他们的努力付出而感到骄傲。

家庭"财商启蒙课"

需要 vs 想要

让孩子写下 5 个他需要的东西和 5 个他想要的东西，并使其可视化。你可以剪下一张孩子想买的东西的图片，从价目表或杂志上找到商品的价格并写下来，粘贴到他房间的墙上或你可以经常看到的地方。如果他们还太小，给他们一些杂志、报纸或玩具目录，让他们剪下自己需要和想要的物品的图片。

我需要的东西	对我的重要程度（1——5*）	我想要的东西	对我的重要程度（1——5*）

注：*1——最重，5——最不重要。

如果他们年龄稍微大一点，让他们检查自己的东西，并盘点出哪些是需要的，哪些是想要的。这对你家下一个春季大扫除非常有帮助！

第 4 章

你的孩子可以成为百万富翁

前人栽树，后人乘凉。

——沃伦·巴菲特

利滚利是宇宙间最强大的力量，复利是世界第八大奇迹。

——阿尔伯特·爱因斯坦

在我的工作室和一对一的理财辅导班中，我发现了一件持续让自己感到沮丧的事情。我所见过的大多数父母（和成年人）都没有完全理解复利的力量。大多数人对于早期和复利交朋友能带来的好处毫不知情。这意味着他们对孩子的理财教育通常止于储蓄、消费和分享。他们浪费了孩子们的首要优势——时间，他们错失了将储蓄转化为更大收益的机会。我认为若是不懂得复利的运作机制，那么对父母（和成年人）而言是非常糟糕的，而且当父母没有让孩子懂得复利的好处时，其实是将孩子置于非常不利的处境中。

复利是一把"双刃剑"：它可以为你服务也可以跟你对着干。当你借钱时，随着时间增长，利滚利可能导致你最终的负债远远超过你所借的数额。经历过信用卡债务的人都知道这个"雪球"滚得有多快。希望在熟悉了前面几章所教的理财基本原理之后，这对你来说将不再是问题。然而，当你存钱的时候，复利将为你工作并创造奇迹。

家长们，如果你们想要一个快速的方法来把你的孩子变

成更自律的储蓄者，那么你们会发现复利是最有驱动力和说服力的工具之一。它鼓励用短期的牺牲换取长期的利益，让你得到的总收益更加丰厚。此外，研究表明，有纪律的储蓄者和投资者很少挥金如土，所以两个目标都能达到。

复利的魔法

这个充满"魔力"的复利究竟是什么呢？最基本的定义是"利滚利"——利息的利息。利息不只基于本金，未支付的利息也被加到本金里。获取利息的频率越高，收益余额增长越快。本杰明·富兰克林曾提到："钱具有多产的自然属性。钱能生钱，生出的钱可以产生更多的钱。"（美国第六任总统还说过："如果你想知道金钱的价值，那就尝试一下借钱吧。"这是一个关于复利反面的完美例子。）

本杰明·富兰克林的遗产

美国开国元勋之一本杰明·富兰克林曾经说过生活中没有什么东西是确定的，除了死亡和税收。这位著名的博学者是一位坚定的主张节制的人。1790 年他去世后，为波士顿和费城分别留下了 4400 美元（约合今天的 112000 美元）。每个城市都建立了一个可持续使用 200 年的基金。有需要的人可以 5% 的利息向基金借款。100 年后，每个城市可以从基金中提取 50 万美元，剩下的用于未来 100 年的运转。富兰克林这样做的目的是帮助人们认识复利的重要性。此外，正如人们所说的，富兰克林的这一善举已经铸就了历史。富兰克林波士顿信托基金成立的第一个 100 年已经积累了近 500 万美元，其中一部分被用于帮助建立一个贸易学校，之后该校成为波士顿富兰克林研究院。后来该基金被全部用于支持该研究的工作。

让我们用一个例子来呈现上面的故事。

如果每一年的利率是 10%，而 100 元则是你放入账户中的原始本金。

- 1 年后，你有 100 元+10 元（利息），余额为 110 元。
- 2 年后，你有 110 元+11 元（利息），余额为 121 元。

因此，你之前挣的利息（10 元/年）也享受到了 10% 的利息，这就让你得到了额外的收益。

有一次，我向一位客户的 10 岁女儿解释复利是如何工作的，她点头同意我所说的一切，当我讲解完后，她总结道："那么，陈叔叔，您是说如果我现在往银行存 100 元，当我 20 岁时，加上本金和复利，银行会给我 200 元吗？"

我不确定她是如何算出这个数额的（这个数额需要相当高的回报率才能实现），但更重要的是，她已经掌握了大部分的复利概念，仅此一点就超过了她的同龄人。

复利的潜力无限，回报巨大，阿尔伯特·爱因斯坦称这是 20 世纪最伟大的发明。它是许多人觉得平淡无奇的数学奥秘之一。我们希望基于多年努力的积蓄，在幕后默默工作的复利能在我们的投资生涯中带给我们两倍、三倍的回报，有时甚至高于本金四倍的投资回报。如果这还不能帮助你想象复利的力量，那么请你想一下，每当我们从银行贷款，其实就是在帮助银行获得 20 世纪最伟大的发明带来的好处。这就是为什么银行大楼可以如此奢华宏伟！你有没有想过银行所推广的基本产品是什么？其实就是我们自己的钱。

我认为，教孩子们认识复利应该成为必修课。为什么？我们需要时间来实现财务的稳定并变得富足，而孩子们拥有实现两者的最重要资本——时间！复利不是一夜之间就可以发生的事情。让复利公式工作的核心就是时间。所以，金钱在投资和储蓄中待的时间越长，复利能够起到的作用就越大。如果你读过常见百万富翁的成功故事，他们都是采取这种"缓慢和稳定"的方法获得的成功。这就是一个人如何只凭借一般的薪水最后变得富足的原因，你需要耐心，最终你一定会有大的收获。

随着时间的推移，钱会产生复利。时间越长，复利就越显著！这个概念并不复杂。你越晚开始存钱，你就越需

时间越长，复利产生的收益越多！

孩子越早了解复利，未来获得的收益就越多。

要存更多的钱以达到同样的财务目标。表 4-1 将这一点表达得很清楚。

在表 4-1 中，乔薇 1 岁时，她的父母就为她建立了储蓄账户，而伊斯拉的父母在他 11 岁才开始帮他建立储蓄账户。与伊斯拉的储蓄账户相比，乔薇储蓄相同的本金但是得到了更大一笔钱。随着时间的推移，复利显示了它的神奇之处。

表 4-1 还表现出复利起作用之后带来的实际价值。将 1 岁就开始储蓄的乔薇与 11 岁才开始储蓄的伊斯拉进行比较，在 21 岁时，他们的储蓄金额差是 18763 美元，这就是时间在复利中发挥的威力。

表 4-1　金钱的时间价值

现在存钱，别等以后						
			每年存 2000 元，年化利率为 5%			
乔薇				伊斯拉		
年龄（岁）	储蓄金额（元）	总值（元）		年龄（岁）	储蓄金额（元）	总值（元）
1	2 000	2 100		1	0	0
2	2 000	4 305		2	0	0
3	2 000	6 620		3	0	0
4	2 000	9.051	差	4	0	0
5	2 000	11 604	距	5	0	0
6	2 000	14 284		6	0	0
7	2 000	17 098		7	0	0
8	2 000	20 053		8	0	0
9	2 000	23 156		9	0	0
10	2 000	26 414		10	0	0
11	2 000	29 834		11	2 000	2 100
12	0	31 326		12	2 000	4 305

续表

现在存钱，别等以后		
每年存 2000 元，年化利率为 5%		

乔薇		
年龄（岁）	储蓄金额（元）	总值（元）
13	0	32 892
14	0	34 537
15	0	36 264
16	0	38 077
17	0	39 981
18	0	41 980
19	0	44 079
20	0	46 283
21	0	48 597
累计		48 597
总本金		22 000
乔薇的收益		26 597

伊斯拉		
年龄（岁）	储蓄金额（元）	总值（元）
13	2 000	6 620
14	2 000	9. 051
15	2 000	11 604
16	2 000	14 284
17	2 000	17 098
18	2 000	20 053
19	2 000	23 156
20	2 000	26 414
21	2 000	29 834
累计		29 834
总本金		22 000
伊斯拉的收益		7 834

差距

两人的存的本金一样多，但是乔薇的收益多了 18 763 元！为什么？

这些都没有考虑通货膨胀和市场波动因素。然而，有一点是可以肯定的，如果你什么都没投资，那么你什么都不会得到。在孩子的成长过程中，要鼓励他们持续储蓄和投资。在这种方式中，投资将成为孩子的第二天性，在复利作用下，他们的财富会如顺水推舟般轻松增长。如果你自己还没有开始储蓄，没关系。但是，不要让你的孩子落于人后，要让复利为你效劳。

亲子储蓄计划

孩子身上具备成人所缺少的东西——充足的时间，可以用这些时间来享受复利带来的收益。为了让他们开始存钱并让他们看到自己收益的增长，父母可以开始为孩子们设立一个投资账户。这就是为什么父母要了解复利及其原理的重要性，这是为了让孩子也能理解传统定期储蓄的重要性并有一定的固定投资储蓄规划来获得收益。

现在的孩子喜欢"活在当下"，有多少花多少，而不愿意等 20 年或更久，我知道这是个令人头疼的问题。最好的让孩子认识复利的方法是我们自己亲身示范。首先，要货比三家，找出最符合自己需求的存款方案。定期存钱或投资，不把利息和利息的收益取出来。告诉孩子你在做什么、为什么这样做以及你的钱会发生什么变化。我们是孩子最好的榜样，就让我们开始吧！

计划一个万全的方案

相信很多人对美国电视娱乐节目《财富之轮》并不陌生。其当家主持人帕特·萨加克说过："人类的天性往往会引导我们基于'最佳状况'来打算。问题是，只要一个'最糟状况'出现，就足以毁掉整件事情。拿退休后的'如果……将会怎样'来说，就其本质而言，完全不可预测。实际上，为'退休'后的生活早做打算，能够居安思危，甚至未雨绸缪可能是人一生中最应该去做的事情。当然，如果退休后没有遇到任何麻烦，那么'仓廪实'的你岂不是活得更好。"

如果你早已开始了存钱罐制度，那就继续保持并且开启另外一个罐子，标上"投资储蓄账户"，并把"储蓄"罐子里所有的钱放到这个罐子里。帮助你的孩子做一个财富在一定时间内增长的可视化的记录。随着时间的推移，可以用一个图表来向孩子展示这些钱的增长情况。

"亲子"定投储蓄计划

过去的几年，我一直提倡父母设立一个"亲子"定期投资储蓄账户，投资一只能有 4%～5% 分红的基金。在这个复利分红中，孩子们会很快发现并理解他们的钱是如何快速增长的，而这种深刻的体验会伴随着孩子的成长。你的孩子永远不会忘记他们是如何利用金钱的。下面是这个法则在实施过程中的一些例子。

如果一个 13 岁的孩子放弃日常快餐或者每天节省 3.50 元的餐费，那么他每月将有 100 元可以投资于一个增长率为 5% 基金，到他 65 岁时，他将有 297388.98 元，但他仅投资了 62400 元。

表 4-2 等待的成本：13 岁就开始储蓄或投资   单位：元

投资利率	总投资额	65 岁时总额
5%	62 400.00	297 388.98
6%	62 400.00	429 420.14
7%	62 400.00	628 990.58
8%	62 400.00	932 896.06
9%	62 400.00	1 398 725.98
10%	62 400.00	2 116 897.69

然而，如果他直到 25 岁才做出储蓄的决定，那么他的累计金额将只有 152 602 元，而总投资共 48 000 元。总收益相差了 144 786 元，投资本金相差 14 400 元。你看出差距并且知道为什么了吗？

表 4-3 等待的成本：25 岁储蓄或投资   单位：元

投资利率	总投资额	在 65 岁时总额
5%	48 000.00	152 602.02
6%	48 000.00	199 149.07
7%	48 000.00	262 481.34
8%	48 000.00	349 100.78
9%	48 000.00	468 132.03
10%	48 000.00	632 407.96

如果想让孩子赚高至 9% 的回报，不是没可能，只是风

险会更高，那么因推迟投资或没有投资意识造成的差异就更大了——930 593元。13 岁的孩子将会在未来积累1 398 725元，而25 岁的孩子在未来只积累了468 132元，而实际投资本金的差额只是14 400元。无论利率是5%还是9%，是赚了144 786元还是930 593元，早一点儿开始让钱生钱总比晚一点儿要明智。如果这些计算让你头疼，那么就让孩子帮忙计算利率，这样他们可以学习并看到在复利魔法下钱的增长速度有多快。

孩子更容易享受投资的好处，他们有缓和大多数投资风险的优势，因为时间对他们是有利的。投资不嫌早，也不怕晚。越早开始，达到投资目标所需投入的资金就越少。

所以，如果你想创造安全和富足的生活，那么当孩子开始认识并了解金钱的时候就开始储蓄和投资吧。无论你家的孩子是新生儿还是青少年，他们都还有很多时间可以享受复利带来的好处。

当前的低息环境中，要鼓励孩子存钱而不是花钱，要做更多投资而不是把钱放在银行里。这会让投资变为孩子的第二天性。有一件事是确定的——钱能带来自由、更多的选择和安全感。教孩子管理金钱并使他们的财富获得增长，是我们当下能够提供的最安全和最能使他们终身受益的投资。

🥮 成为百万富翁

在撰写这本书的时候，我希望自己的父母接受过必要的理财教育，这样他们就可以训练我和我的兄弟姐妹从而帮助我们实现财富自由，成为百万富翁。我父母曾有过这样的好机会，但他们自己却备受糟糕理财习惯的煎熬，并经常使整个家庭处于水深火热之中。

由于在成长过程中我接触的理财知识为零，我必须自己去寻找实现财富自由和成为百万富翁的方法，我得自己弄明白如何成为一名合格的理财规划师。一开始，这个梦想似乎遥不可及，但当我参加了各种个人理财培训工作室，一遍又一遍地学习那些关键的概念和建立一个可以获得健康财富生活的习惯时，我受到了启发，在 65 岁以前实现成为百万富翁的梦想对于每一个人而言，是多么的简单。是的！这些都是基于我在这本书中提供的信息能够达成的。

与父辈和祖辈相比，我拥有许多好的技能、知识、经验和资源。我的每个孩子都拥有充足的资源和信息，通过用更多的资源，多承担一点风险而不是白白浪费时间，他们每一个人都能成为百万富翁。有了这些理财习惯，我决心要在自己所有的孙辈一出生时就开始把他们向百万富翁方向培养。

　　想象一下，当你的孩子出生时，为他攒下 6 721 元，他 65 岁时就可以成为一个百万富翁。我知道，通货膨胀意味着那时的 100 万元可能没有现在那么值钱，但是对于这么小的一笔投资而言，收益数目依然是可观的。想象一下如果初始本金不是 6 721 元，而是 20 000 元或者 30 000 元呢？这意味着当你 65 岁时，你的账户上将会积累一大笔钱！

　　现在思考这几个问题：你知道大多数成年人工作超过 40 年，赚的钱不超过一百万吗；你想过自己辛辛苦苦工作了 40 年后，攒下来的钱能达到近百万元甚至几百万元吗；那你现在攒下收入的 30% 了吗；还是说，有人从你手上拿走了你辛辛苦苦挣的所有钱？

表 4-4 收入展望图（含每年 5% 的薪水涨幅和奖金）

一生中你将拥有多少财富？你将如何处置这些财富？

年龄（岁） \ 月收入（元）	2 000	2 500	3 000	3 500	4 000	4 500	5 000	5 500
22	26 000	32 500	39 000	45 500	52 000	58 500	65 000	71 500
23	55 965	69 956	83 948	97 939	111 930	125 921	139 913	153 904
24	86 063	107 579	129 095	150.611	172 127	193 642	215 158	236 674
25	117 666	147 083	176 500	205 916	235 333	264 749	294 166	323 583
26	150 850	188 562	226 275	263 987	301 699	339 412	377 124	414 837
27	185 692	232 115	278 538	324 961	371 384	417 807	464 231	510 654
28	222 277	277 846	333 415	388 984	444 554	500 123	555 692	611 261
29	260 691	325 863	391 036	456 209	521 381	586 554	651 727	716 899
30	301 025	376 282	451 538	526 794	602 050	677 307	752 563	827 819
31	343 376	429 221	515 065	600 909	686 753	772 597	858 441	944 285
32	387 845	484 807	581 768	678 729	775 691	872 652	969 613	1 066 575
33	434 538	543 172	651 806	760 441	869 075	977 709	1 086 344	1 194 978

续表

月收入(元) / 年龄(岁)	2 000	2 500	3 000	3 500	4 000	4 500	5 000	5 500
34	483 564	604 456	725 347	846 238	967 129	1 088 020	1 208 911	1 329 802
35	535 043	668 803	802 325	936 325	1 070 085	1 203 846	1 337 607	1 471 367
36	589 095	736 368	883 642	1 030 916	1 178 190	1 325 463	1 472 737	1 620 011
37	645 850	807 312	968 774	1 130 237	1 291 699	1 453 161	1 614 624	1 776 086
38	705 442	881 803	1 058 163	1 234 524	1 410 884	1 587 245	1 763 605	1 939 966
39	768 014	960 018	1 152 021	1 344 025	1 536 028	1 728 032	1 920 035	2 112 039
40	833 715	1 042 144	1 250 572	1 459 001	1 667 430	1 875 858	2 084 287	2 292 716
41	902 701	1 128 376	1 354 051	1 579 726	1 805 401	2 031 076	2 256 751	2 482 427
42	975 136	1 218 919	1 462 703	1 706 487	1 950 271	2 194 055	2 437 839	2 681 623
43	1 051 192	1 313 990	1 576 789	1 839 587	2 102 385	2 365 183	2 627 981	2 890 779
44	1 131 052	1 413 815	1 696 578	1 979 341	2 262 104	2 544 867	2 827 630	3 110 393
45	1 214 905	1 518 631	1 822 357	2 126 083	2 429 809	2 733 535	3 037 261	3 340 988

续表

年龄（岁） 月收入（元）	2 000	2 500	3 000	3 500	4 000	4 500	5 000	5 500
46	1 302 950	1 628 687	1 954 425	2 280 162	2 605 900	2 931 637	3 257 374	3 583 112
47	1 395 397	1 744 247	2 093 096	2 441 945	2 790 795	3 139 644	3 488 493	3 837 343
48	1 492 467	1 865 584	2 238 701	2 611 818	2 984 934	3 358 051	3 731 168	4 104 285
49	1 594 391	1 992 988	2 391 586	2 790 183	3 188 781	3 587 379	3 985 976	4 383 574
50	1 701 410	2 126 763	2 552 115	2 977 468	3 402 820	3 828 173	4 253 525	4 678 878
51	1 813 781	2 267 226	2 720 671	3 174 116	3 627 561	4 081 006	4 534 451	4 987 896
52	1 931 770	2 414 712	2 897 654	3 380 597	3 863 539	4 346 482	4 829 424	5 312 366
53	2 055 658	2 569 573	3 083 487	3 597 402	4 111 316	4 625 231	5 139 145	5 653 060
54	2 185 741	2 732 176	3 278 611	3 825 047	4 371 482	4 917 917	5 464 352	6 010 788
55	2 322 328	2 902 910	3 483 492	4 064 074	4 644 656	5 225 238	5 805 820	6 386 402

注：薪资预计每年以 5%涨幅。

我有坐拥有一百万元的本事吗？这是参加主题为"我怎样才能撑到月底"工作室的学员经常问的问题之一。我相信每个人都有能力成为白手起家的百万富翁和理财大师。

而现实是，很少有人能取得财富上的成功。很多人受制于那些在财务方面影响他们心态和习惯的金钱观、价值体系和生活习惯。他们从来没机会去实践并培养一些必要的、能使他们成为出色理财大师的技能和策略，他们永远无法通过自学成为百万富翁。

🥄 要敢于追逐梦想

为什么我希望每个人都成为百万富翁？因为如果有很多年轻的百万富翁，那我就不需要成天和少数财富自由或退休的人一起度假了。玩笑归玩笑，为什么我希望自己的孩子成为百万富翁，而且最好可以在 35 岁或 45 岁之前呢？

到 45 岁时，我们可能已经花费了半生时间去做一些我们无法选择的事情，接受教育和参加工作是四海皆准的例子。如果在 45 岁时，你每年都有一份 10 万元的被动收入[①]，那么你就可以决定是继续去工作还是去做你最想做的

---

① 被动收入（passive income）是指定期得到的一种收入，几乎无须费力。多指来自租赁、资产投资或增值方面的收入，是应纳税收入的一部分。——译者注

事情了，这岂不是更好？

那么，我是怎样成为一名百万富翁的以及我是怎样帮助我的孩子成为百万富翁的？下面是我的故事。我决定把年度收入15万元中的5万元用于消费，剩余的10万元用于储蓄。至少在10年内，我会拥有人生的第一个100万元，接下来的10年会有第二个100万元。我本身的经历就证明了：一旦你知道怎样获得第一个100万元，那么剩下的将会随着你财富的增长而越来越容易得到。

有很多人每年挣的钱都超过25万元，如果你预算每年开销为10万元（对于我来说这是远超平均水平的），你仍然可以在7年的时间里成为一个百万富翁。

$$150\ 000\ 元×7\ 年=1\ 050\ 000\ 万元$$

如今，孩子的收入要比我们多，如果让自律且财商高的父母来教导他们，那么他们就没有理由实现不了成为百万富翁的梦想。如果他们知道如何将"让人工作"转变成"让钱工作"，那么便可以更快地成为百万富翁。

🟤 让钱"工作"

如果拥有100万元，利率5%，那么每年你可以得到5万美元的被动收入。如果我可以让你把金钱投资到一个风险更大的地方，这些钱甚至可以有一个8%到10%的回报率。通过将你的金钱投资在一个长期的方案中，你的被动收入大概会在每年 8 万元到 10 万元。这时你可以把自己称为真正的理财大师了。此时你就有了选择是否工作的权利，不论是为了开心还是为了消磨时间，做个百万富翁是不是听上去很棒呢？

我的投资收入每月有 3000 元的回报。我的大女儿按照我的策略，在婚后把一些多余的钱投入一个每月有 9% 回报率（或有 900 元被动收入）的投资基金中，这让她非常开心。我很确定她在 45 岁之前就可以实现她的百万富翁梦了。

那么，你一年挣不到 15 万元或者是 25 万元怎么办？你还能成为一个百万富翁吗？是的，你能做到！很多白手起家的百万富翁都是很棒的理财大师，他们的身上正是拥有你此时正在学习的技能和知识。

● **积少成多**。将你的大目标细分为几个小目标。只要每天存起 20 元，基于 10% 的回报率，27 年之后你就会拥有 100 万元了。如果你在参加工作时就开始实施这一策略，比如 21 岁时，那么在退休时就能拥有 100 万元，甚至更多。

请看表 4-5。

表 4-5　积少成多成为百万富翁

年利率（%） 日存（元）	5.00	10.00	12.50	15.00	17.50	20.00
10.00	53 年 9 个月	33 年 6 个月	28 年 6 个月	24 年 11 个月	22 年 3 个月	20 年 2 个月
12.00	50 年 5 个月	31 年 9 个月	27 年 1 个月	23 年 9 个月	21 年 3 个月	19 年 3 个月
15.00	46 年 4 个月	29 年 7 个月	25 年 5 个月	22 年 4 个月	20 年 0 个月	18 年 2 个月
18.00	43 年 1 个月	27 年 10 个月	24 年 0 个月	21 年 2 个月	19 年 0 个月	17 年 3 个月
20.00	41 年 2 个月	26 年 11 个月	23 年 2 个月	20 年 6 个月	18 年 5 个月	16 年 9 个月
22.00	39 年 7 个月	26 年 0 个月	22 年 6 个月	19 年 11 个月	17 年 11 个月	16 年 3 个月
25.00	37 年 5 个月	24 年 10 个月	21 年 6 个月	19 年 0 个月	17 年 2 个月	15 年 8 个月
30.00	34 年 5 个月	23 年 2 个月	20 年 2 个月	17 年 11 个月	16 年 2 个月	14 年 10 个月
40.00	29 年 9 个月	20 年 7 个月	18 年 0 个月	16 年 2 个月	14 年 8 个月	13 年 6 个月
50.00	26 年 5 个月	18 年 8 个月	16 年 6 个月	14 年 8 个月	13 年 6 个月	12 年 5 个月

● **今天开始**。对大多数人来说，我们的"阿喀琉斯之踵"是拖延。拖延只不过是沉迷昨日、逃避当下的艺术。这可不是你愿意发生在自己财富上的事情。拖延症不是天

生的，是后天形成的。清除分散注意力的东西，留一些时间出来专门做这本书中的活动和练习，这样你就开始步入正轨了。

● **立即行动**。记住时间是使你的财富增长的重要元素之一。我确定你不愿自己的孩子成为你拖延症的牺牲品。根除拖延症的唯一方法就是行动。立即行动，你能够马上看到积极正面的效果，在实现成为理财大师目标的过程中，这会进一步激励你，让你在行动中形成良好的习惯。

获得财富成功的人或白手起家的百万富翁们绝对和你我没有差别，他们只是恰好比我们大多数人更会理财。

我的 100 元挑战

今天的社会是被设计成帮助你和你的孩子消费你的财富和他们未来的财富的。这并不代表我很极端，看看你的周围，你会发现自己被快餐店、酒水吧和时髦的花式咖啡店包围，时常在其中任何一个地方消费，你轻易花出去的可不止 10 元。

你们中的一些人可能根本不去这些颇具小资情调的地方消费，而只是在想怎样才能有一点额外的钱用于储蓄和投资。

帮助孩子建立合理的储蓄目标，
使孩子养成良好的储蓄习惯

　　我想邀请你和你的家人一起记录接下来 14 天的个人开支。很简单，你只需要一个记录的载体，无论是在纸上还是电脑上，记下这 14 天内的每一笔开销，无论大小。

　　想要记录工作起作用，你需要遵守以下两个简单的规则。

　　（1）记录你的所有消费活动，按周计算。

　　（2）不要因为尴尬于你可能有的发现而突然改变自己的消费习惯，像平时那样正常消费就好。

　　为什么记录时长是 14 天？因为 14 天是能够给自己一个真实清晰消费习惯图景的最少天数。同时，这个时长也不会让你对记录消费这件事感到厌倦。（特别是孩子，他们可能没有耐心做记录，并且会觉得这件事很烦人！）

　　当 14 天的记录结束时，大家一起在发放零花钱的那天展示并讨论自己的消费记录，并找出哪些是能够避免的不必要消费。在此之后，做出将这种不必要消费完全戒除的承诺。

　　举例来说，我们大多数人每天都会在美食广场花费 5 元钱用于午餐。这时，你可以告诉孩子在这里购买饮料或甜品的花费是不必要的，同时，你还可以向他们解释，常吃这类食品并不健康。为什么不训练孩子在出门前带上装满的水壶？通过每天省下两三罐饮料和果汁的钱，你就有钱可以存入为孩子财务自由而设立的理财账户了。

　　我邀请过"小财神"工作室的学员来参加消费记账活动，现在我也想邀请你们来参加。如果你不能给孩子建立一个100元的初始固定投资账户，那么请给我看你家的财务报表。如果看完报表后我也不能从中多找出100元，那么我将个人承诺给你100元来启动这个孩子的固定投资账户。这听起来不错吧？

表 4-6 帮助孩子积累自己的财富

让他们在零用钱日就给自己投资

你每月的投资额（元）	你的年纪（岁）	到65岁时的月度投资额总额（元）	回报率					
			3%	5%	7%	9%	12%
100	1	76 800	232 766	563 216	1 484 500	4 158 966	21 034 295
	12	63 600	156 151	315 139	679 641	1 542 671	5 648 580
	18	56 400	123 859	227 371	441 202	895 213	2 754 143
	25	48 000	92 837	153 238	264 012	471 643	1 188 242
	35	36 000	58 419	83 573	122 709	184 447	352 991
	40	30 000	44 712	59 799	81 480	112 953	189 764
150	1	115 200	349 149	844 825	2 226 751	6 238 449	31 551 442
	12	95 400	234 226	472 709	1 019 462	2 314 006	8 472 869
	18	84 600	185 789	341 057	661 803	1 342 819	4 131 214
	25	72 000	139 256	229 857	396 019	707 465	1 782 363
	35	54 000	87 629	125 359	184 063	276 671	529 487
	40	45 000	67 068	89 699	122 220	169 430	284 645

a

续表

你每月的投资额（元）	你的年纪（岁）	到65岁时的月度投资额总额（元）	回报率					
			3%	5%	7%	9%	12%	
200	1	153 600	465 532	1 126 433	2 969 001	8 317 932	42 068 589
	12	127 200	312 301	630 279	1 359 282	3 085 342	11 297 159
	18	112 800	247 718	454 743	882 403	1 790 425	5 508 286
	25	96 000	185 675	306 476	528 025	943 286	2 376 484
	35	72 000	116 839	167 145	245 417	368 895	705 983
	40	60 000	89 425	119 598	162 959	225 906	379 527

给家长的"理财"提示

省一分钱等于挣一分钱

日久天长这些细微的小变化就会让你的储蓄账户中多出几元钱来,最短只要一个星期你就能看到效果。

• **优惠券和折扣券。**没必要锱珠必较,但是长期来看却可以省大钱,在付全部零售价款前多做一些小研究。

• **自带午餐。**自己带午餐可以每年为你节省1000~1500元。另外,这也会令你更健康哦!

• **买未加工的食物。**预包装食物如切丁的胡萝卜经常比未加工的要贵一倍。

• **把衣服挂在晾衣绳上自然晾干。**烘干机和冰箱都是最耗电的家电。

家庭"财商启蒙课"

"1元钱法"

这个活动能给孩子留下一个他们的储蓄通过复利获得增长的深刻印象。"1元钱法"最适合年龄小的孩子。

- 在显眼的地方摆一个罐子，罐子里放 1 元钱。让孩子猜猜如果每天再往罐子里放其中已有钱数金额一半的钱，那么一周后管子里将积累多少钱。

第二天，往罐子里放 5 角，解释一下这是罐子里已有的钱 50% 的利息。

第三天，加 7 角 5 分。（罐子里有 1.5 元，一半即 7 角 5 分）。

第四天，加 1.13 元（2.25 元的一半）。

第五天，加 1.69 元（3.38 元的一半）。

第六天，加 2.54 元（5.07 元的一半）。

第七天，加 3.81 元（7.61 元的一半）。

一周下来后，钱的总额达到 11.42 元！而这个钱数很可能远超孩子最初能够猜到的数目。

要向儿童和青少年说明用信用卡就像贷款一样。如果每月不及时足额还款，就要还利息，你欠银行的钱要比当初花的钱多得多。

- 讨论当自己用现金买不起某样东西的时候，为什么不能刷信用卡来购买。

- 和孩子一起上网查看并比较各信用卡所附带的利率。

1 粒米的故事

睡觉前或安静的时候给孩子讲这个故事。这个民间数学故事展示了指数增长的潜力。这个聪明、快乐和勤劳的农夫儿子通过智斗皇帝并赢得公主青睐的传说，将会让你的孩子备受启发，这就是复利的力量。

在很久以前的中国古代，帝国美丽的公主生病了。所有御医都找不到治疗公主的方法。绝望的皇帝昭告天下，如果谁可以治愈公主，就可以在他的王国中提出任何要求。许多人来了又走了，无人成功。

有一天，一个叫庞龙的年轻人来到皇帝的宫殿，试图治疗公主。他很有耐心，也很温柔。他在几个月中尝试了各种方法，终于让公主痊愈。皇帝龙颜大悦，他问年轻的庞龙想要什么来作为回报。在照顾公主的几个月时间里，庞龙爱上了她，所以他向皇帝提出是否能娶公主为妻。当然，皇帝因他出身低微拒绝了他，让他提出其他想要的奖励。

经过一阵思索，庞龙说："我想要一粒米。"

"1粒米！荒谬！上好的丝绸、最华丽的宫室、一马厩的骏马！——只要你想要，它们就都是你的！"

"1粒大米就行，"庞龙说，"但如果陛下坚持重赏于我，那么请在100天里每天给我前一天大米数额加一倍的大米。"

因此，第一天，1粒大米送给了庞龙。

第二天，送来 2 粒大米。

第三天，庞龙收到了 4 粒大米。

第四天：8 粒。

第五天：16 粒。

第六天：32 粒。

第七天：64 粒。

第八天：128 粒。

到了第十二天，已经累积了 2048 粒大米。

到了第二十天，524288 粒大米被送到了。

到了第三十天，536870912 粒大米，用了 40 个仆人才拿给了庞龙。

在绝望中，皇帝做了唯一可以保全他体面的事情，那就是同意庞龙对公主的求婚。考虑到皇帝的感受，婚宴上没有米饭。

第 5 章

未来的理财达人

金钱是个优秀的仆人，也是个难伺候的主子。

——杉弗德·李

使用书中讲到的方法，我们可以把自己的孩子培养成拥有高财商的人并最终成为理财大师。而要想成为孩子真正的老师，父母也要拥有高财商。要做到这一点，我们做父母的首先要让自己的个人财务做到有序并可控，如果我们自己不能始终如一地自觉运用这本书的原则和规则，我们就会发现要把孩子引领到同样的道路上将会很困难。想轻松的让孩子拥有高财商，你就得对理财有深刻的理解。为了给我们的孩子最佳的学习体验和最好的"师徒关系"，我们也必须成为自己财富的主人。

这是否意味着你作为孩子的父母，必须有完美的表现？并非如此，我相信，无论你是多么"高大"，你的孩子仍然需要自己"长大"。但是他们的成长环境能极大地影响到他们能否成功。正如我在本书第2章中提到的，父母是孩子成长环境中的"巨人"，每一天你良好的理财习惯都为孩子的理财学习树立着有力的榜样。

读完这本书，你会明白理财不仅仅在于一分一角。真正的高财商不仅需要金融方面的专门技能，而且需要理财智慧。努力形成一套理财习惯将会使你更加稳健地实现自己的财务目标。践行积极的财富态度将帮助你发现当前的机会，反思过去并且不论将来遇到什么问题都能做出明智的选择。在前几章中阐述的一系列理财习惯和态度将会提高你的自觉性并让你能更好地应对外部环境。在每日的思考、言语和行动中坚持这些习惯和态度，是成为理财大师的唯一方法。

金钱意识

记住，我们的孩子正在快速成长，他们的理财课也必须跟上节奏。我在本书中谈到的内容也许很基础，但它不只是给孩子的理财入门课程，这里使用的概念与我们在成人世界中使用的概念是一脉相承的。你需要这些知识来管理你的财富，你的孩子在成年后也需要用到它们。

高财商孩子的培养模式经调整后也可以用在成年人世界。虽然之前章节里的规则和方法都是为孩子设计的，但在具体应用中也需要父母的指导。经过一定的再创造，这些规则和方法可以被重新塑造来帮助你构筑一个坚实的理财基础。

让我们来看一些例子。成年人的世界对"资产与债务"

的考量可以追溯到孩提时对于"需求和欲求"的考量。存钱罐制度中给孩子的是 3 个存钱罐，而给成年人的是 6 个存钱罐，这正好反映了成人的预算系统。（6 个罐子是生活必需、休闲、投资、教育、储蓄和给予，这些都在我面向成人开办的理财工作室中讨论过。）最后，零用钱更像我们的薪水或收入。

但好像还缺少什么？我们许多人都想成为拥有高财商的理财大师，但是达到目标的路上却会丧失一些东西。回忆一下第 1 章开头的这段话。

为了孩子将来的成功和富足父母愿意付出一切。我们要让自己的孩子健康、快乐并实现人生理想。我们愿他们通过开发自己的天赋和个性将自己的潜力发挥到极致。我们同样希望他们获得经济上的独立——没有人愿意自己的孩子长大后毫无金钱观念。我们大都倾尽所能帮助孩子拥有健康、幸福、美满的生活，但是当遇到如何帮助他们实现财富成功的问题时，我们往往无从下手。

我发现许多家长甚至从不和孩子谈论金钱，几乎没有人知道和孩子谈钱时该从何说起。

这些也正是父母希望自己能够实现的，他们自己遇到的困境也和孩子遇到的一样。事实上，培养高财商的孩子需要在父母的大量指导下进行不懈的努力。我们的孩子总在不断地观察和模仿我们。在所有的理财家教类书中，最重要的一个原则就是让自己成为一个优秀的榜样。因此，我们不仅需要良好的理财技能，还需要确保自己与金钱是一种健康的关系。

表 5-1　你与金钱的关系

我与金钱相处融洽吗	是/否
互相尊重	我对金钱有积极的信念吗 我是一个金钱的奴隶吗 我的钱满足了自己的需求吗
良好的沟通	我花时间定期评估自己的理财计划了吗 我根据自己的需求和欲求进行合理的消费
支持	我会做些必要的事情以确保自己获得财富成功 我愿意把钱花在支持自己的未来发展、财富增长等方面

家长们，你必须成为好的榜样，因为你要以身作则。当你坚持原则，并体验到这些原则在你的生活中展现的强大潜力时，你会对它们更加信任。你会在未来的岁月中感受到良好的理财习惯带给你的影响，而这将驱使你继续培养并保持这些好的习惯。

🥣 从现在开始吧

如果你没有建立一个好的财务制度，那么现在就建立一个，因为没有制度你走不远。就像孩子们初学理财时使用的存钱罐制度一样，你的财务制度根据你的预期和目标

来处理你的收入和支出，同时还顾及你的生活方式。它为你做财务工作，所以你可以自由地做其他的事情；它可以让你的财富不受限制地增加并让你远离处理财务问题的苦恼。

如果你想知道如何制定一个财务制度，那么通过下面的 8 个步骤你就可以制定一个。这也是我在"如何撑到月底"的理财工作室活动中所授课程的一部分。

（1）确保你是基于自己的价值观而设立的财务目标。

（2）具体、细致、有完成目标的截止日期。

（3）写下你的十大财务目标。

（4）为实现你的财务目标在 72 小时内开始行动。

（5）从金融专业人士、家人和朋友等方面获得帮助和支持。

（6）衡量大概需要多少钱才能实现你的财务目标。

（7）确保你的财务目标符合自己的家庭价值观。

（8）设计一个目标导向理财计划。

和孩子们的世界一样，一旦制订好了目标导向型的理财计划，我们就需要一个现金流量表来跟踪我们收支。此外，一张净值报表将一目了然地反映你的资产和负债，净值报表也是一个资产负债表，你的财务状况可以在任何时点得到反映，重要的是使用它们，并养成习惯。

🥣 照料财富的"花园"

在成年生活的此时此刻，你可能认为自己可以完全掌控花钱的习惯了。年轻时你曾花费大把的时光与各种"第一次"及各种挑战进行较量，也许现在的你更擅长驾驭自己的财富生活。祝贺你，你一定是经历过多次的试错和反思，不断积累经验才达到现在这个境界，你可能已经让自己拥有了一定程度的自律和意志力。然而，不论我们的经验和抱负如何，我们中的一些人仍然被财务目标所困扰。

下面这些都是我培训过的父母身上常见的痛点，哪些是你也有的痛点呢？

- 我无法控制自己，总是超支。
- 我不经常购物，但不知何故，买的各种零碎加起来后我超支了。
- 我还在努力偿还债务。
- 我承担了太多的财务责任。
- 我没有足够资金来做到"未雨绸缪"。
- 我总是产生本该避免的费用，如违章停车的罚款。
- 我没有足够的钱。
- 我觉得自己为退休准备的钱还不够。

- 对于某些事物，我总是要么花钱太多，要么太少。

- 我总是拖延自己的财务规划。

我们总是由于财务问题而陷入困境，这是因为我们自己的财务制度——如果我们有的话，对我们没有起到任何作用。作为理财大师，我们需要保存和增强我们最大的资产——我们自己。然而，我们中的许多人还是陷入了同样的赚钱、消费和储蓄的循环中。我们都疲于应付这些任务以致于没有时间真正反思自己的财务状况，我们大多数人只是在完成任务，而这并不是在有计划地管理财富，所以我们没能达到自己的财务目标也并不奇怪。

去磨你的锯子

我们大多数人都熟悉《高效能人士的7种习惯》这部经典的著作。

在其这本具有里程碑意义的书中，作者史蒂芬·科维将最重要的建议留在了书的最后。第七个习惯是"磨利锯子"，科维使用"樵夫"这个常见例子来加以阐述。

在树林里，你遇到一个正在匆匆忙忙锯树的人。

"你看起来累坏了！"你问道，"你工作了多久？"

"超过五个小时！"他回答说，"我太累了。这活儿太不容易了！"

> "也许你该休息几分钟，磨利你的锯子，之后你会干得更快。"
>
> "不，不，没有时间，"这人强调说，"锯树还忙不过来呢!"

现在，你拥有了属于自己的制度，你需要建立一个积极的理财习惯以使你最大限度地从自己的财务制度中获益。如果你不能做好自我管理，那么即便是设计的万无一失的计划也不会产生伟大的成功。你需要留出时间来反思自己的理财习惯，而这将能使你保持并加强自己的理财技能。

注意"磨利锯子"其实是一个活动! 这就是为什么常常看到人们参加完工作室活动或讨论会后，他们内心的热度都可以持续数周之久。参加学习讨论是一种活动，并不是节日或休息，但这是一种可以增加能量和动力的活动。它可以重新校准你的想法、习惯和情绪，使你的想法和情绪变得更加积极。可以说，它能让你变成一个崭新的自己，哪怕只有一段时间而已。

成为崭新的自己，成为百万富翁

你上次检查自己的理财习惯和信念是在什么时候? 当

你花时间反思时，你就获得了绝好的机会，这些机会会让你发现自己已经拥有但从未觉察出来的花钱习惯，这会不会正是导致你行动不理性且浪费钱的那个习惯呢?

当我谈论大家该怎样实现自己的财务目标时，大多数家长都为他们的财富生活涉及面之广而感到惊讶。有些人认为，在银行存钱，做到有备无患足矣，但经济上的安全感其实应该包括四个方面。

- 生活方面——做到收支平衡。
- 心理方面——了解什么能让人们在经济方面有安全感。
- 社交和情感方面——了解你与他人在金钱方面的社交互动。
- 精神方面——花时间反思你的理财习惯。

成为理财大师

即使已经有了一套理财制度，但拥有一个正确的金钱理念来使之良好运行则更加重要。我们可能拥有世界上所有的理财工具，但是如果我们不能控制自己，那么真正的财务成功将永远无法实现。理财知识只能把你带到财富之路的入口，路怎么走全凭你个人的修为，你的所思所想决定你最终能获得什么。让我们回顾一下第 1 章中分享的名言。

> *你的信念形成你的想法；*
>
> *你的想法形成你的话语；*
>
> *你的话语形成你的行动；*
>
> *你的行动形成你的习惯；*
>
> *你的习惯形成你的价值观；*
>
> *你的价值观决定你的命运。*

留意你的想法。坚决不要说"我没有钱"或者"我负担不起"。如果你这样做，这些话将打消你头脑中所有的可能性。这些话中都包含负面的论断，它们会给你一种你不再需要思考的暗示，并滋生一种让人自甘贫穷和懒惰的心态，更严重的是，它将阻碍你财富的增长。

但换一种想法，如："我怎么做才能够负担得起?"这样的话会打开我们的思路，促使我们去思考并寻求答案，并产生一种让人积极追求财富并更加具有创造性的心态。

更为重要的是，问自己"我怎么做才能负担得起"还可以释放我们作为人的精神潜力，这种精神力量可以让我们战胜懒惰。大多数人认为"我负担不起"能教会孩子们战胜贪婪，但在现实中，它只能教会孩子们找借口；同时，这句话还将关闭你的创造性思维并导致懒惰，永远不能帮

你带来财富。

是你决定自己的想法和行动。所以，言语可能是你必须不断自检的最重要的事情，言语有使你变得富有或贫穷的力量。

期望什么就得到什么

这是一个由知名心理学家、哈佛大学博士罗伯特·罗森塔尔在旧金山湾区的一所学校进行的实验，这是镇上主体为中等偏下阶层构成的社区中的小学，名叫"橡树小学"。

在开学时，校长将三位教师请到他的办公室，并告诉他们："由于你们在过去几年中的卓越表现，我们得出结论，你们是这所学校中最好的老师，作为对你的特殊奖励，我们鉴定出了三个班，每个班都由本校中最聪明的30个学生构成——他们都拥有最高的智商，我们将把这些学生分配给你们来进行一年的教学。

"但是，我们不想被指控为'区别对待学生'，所以，第一，不要以任何方式告诉这些孩子，他们是被选入一个经过筛选的班级，这事关重大；第二，我们不会告诉他们的父母，因为我们不想让事情复杂化。我希望你们使用和平时完全一样的方式来教学，使用完全相同的课程安排。我希望你们可以带领这些学生取得更优异的成绩。"

结果在学年结束时，这些学生不仅在本校名列前茅，而且在整个学区中的成绩都出类拔萃。

之后，三位老师被请到校长的办公室，校长说，"不错，你们今年表现很棒。"

"是的，这太简单了！"老师回答说，"这些孩子很容易教，他们渴望学习，我们很高兴能教他们。"

罗森塔尔将这个实验重复了 300 次，每次都得到相同的结果，他的这项研究是"皮格马利翁效应"的典型例子：教师对学生的期望效应。

一个好的理财大师一直都会有属于自己的思考和行动准则。作为父母，我们必须知道并没有所谓的"财务失败"这件事，有的只是对经验的学习，而这些经验在未来对我们是有帮助的。不要后悔或与过去纠缠，要期待未来。作为成年人，我们可能都有过一些遗憾，但这很正常！拜人类的寿命增长所赐，我们会碰到更多可能并不能成功应对的困难。然而，过去并不等同未来，除非你想让它们相互等同。

首先，抛弃所有过去你对金钱的概念，这包括你对自

己的看法，你现有的以及潜在的挣钱能力，还包括过去你对金钱的观念，把这些全部丢掉；或者如果你愿意，可以一个一个地自检，用新的观念替换旧的观念。新的、更加积极的习惯应该取代那些不利于财富健康增长的旧习惯，旧习惯应该被通通抛弃。

下面是理财大师的想法，他们都知道些什么，他们的观念是什么、他们都做些什么。慢慢地仔细读，多用几天去读，经常来读读这些话语，标出那些最能与你产生共鸣的内容。我向你保证，如果你能够理解哪怕只有这些想法的三分之一，并且开始像理财大师那样思考、感受，相信自己并付诸实践，你会用自己的钱创造出奇迹。

理财大师的思维方式

理财大师的观点……

- 认为任何财务问题都有解决方案

- 认为钱是一种工具/媒介/能量

- 认为脑子里要有最终目标

- 每天都思考如何将他们的目标具体化并与他人就自己的目标进行交流

- 认为请求别人帮助很有必要

- 认为只要想法有创造性，就一切皆有可能
- 思考并管理更多的金钱
- 思考时间管理
- 他们每天的习惯
- 创造和给予价值
- 创新很重要
- 知足常乐
- 热情地思考
- 不断地思考关于人生的"大问题"
- 觉得"何乐而不为"

理财大师知道……

- 要完成自己的目标，他需要清晰的思路
- 他的力量无法估量
- 怨恨不会帮助他
- 如何最大化地利用他的资源
- 如何管理自己的精力以做出最好的表现
- 金钱的活力
- 过上自己想要的生活他需要多少钱
- 如何赚更多的钱
- 人们愿意为真正的价值付出
- 专注是关键
- 前人已经做过

- 自己所做的事情必须有趣

- 自律的重要性

- 要得到自己想要的，他们应该做什么以及求助于何人

- 他的优势与劣势

理财大师相信……

- 他对世界的影响力

- 自己本身最大的优势

- 过程好，结果才会好

- 他有其他人所需要的东西

- 应先施惠于人

- 他可以赚比现在更多的钱

- 照顾好自己身体、思维和灵魂

- 拥有财富不是坏事

- 挑战是机遇

- 代际机遇

- 每个人都有自己应该扮演的角色

- 增值

- 适应能力

- 与想法一致的人共事

- 自己能做得到

理财大师……

- 内心坚定

- 有动力

- 有热情

- 懂得感恩

- 有责任感

- 内心自由

- 感到已经拥有和即将拥有的一切，都配得上自己

- 内心笃定

- 即使害怕也要去做

- 知道生活中什么是有意义的

- 对自己和他人有价值

- 能够心安理得地赚钱

- 强大，坚定，有意志力

- 对错误和成功负责

- 冷静、平和

理财大师会……

- 每天检视自己的目标

- 使用专业团队

- 立即行动

- 制订计划

- 做要做的一切，而不是只做容易的事

- 坚持学习

- 开发并使用资源

- 设定目标，不断自检

- 建立团队

- 表达谢意

- 珍惜自己的时间

- 坚持到底

- 利用机会

- 和比自己更聪明的人来往

- 教导他人

理财大师还会……

- 专注于他的目标

- 适应快速的变化

- 摒弃无用的信念

- 拥有清晰的核心价值

- 定期做梳理和记录

- 高效

- 聘请对的人

- 寻找更好的方法

- 研究新技术

- 先施惠于人

给家长的"理财"提示

现在开始,马上就干。采取以下行动来开启你的理财大师之旅。

行动上

- **重新检视你的财务状况**。清理你的钱包,并盘点所有的发票、账单和收据。将它们整理归档。有多余的信用卡?制订计划立即销卡。平衡收支,彻底大清理!

观念上

- **列阅读清单**。你都花时间阅读什么?跳过关于不稳定股票或银行交易所的那些骇人听闻的新闻频道,将你的时间投入到理财上。

- **制订你的零用钱制度**。阅读第2章并调整规则。

- **记录下来**。展开想象力,要知道今天是你余生的开始,是一张白纸,所以向前走,把你的包袱抛在脑后,因为没有人会在意。

- **保持专注**。一旦你制订了属于自己的财务计划,就要坚持下去。可以有修改,但要始终坚持。

社交/情感上

- **我刚才说了些什么?** 意识到你与他人在金钱方面的社交互动。

- **选择你喜欢的理财大师贴士。**打印出来，并把它们放在你的办公桌和你的钱包中，用这些新理财观念来重新设计属于你的新生活。这周就在和别人的互动中试试这些新观念吧。

精神上

- **聆听自己。**当你开始自己的财务大扫除时，你的脑子里都有哪些想法呢？

- **去磨你的锯子。**将自己的日程排到75%，而不是110%，要为突发事件留出时间。花时间去审视你的财务计划和目标，根据该计划调整自己的态度和习惯。

- **写理财习惯日记。**花时间反思自己的理财习惯。

我想摆脱的消极态度和习惯	我想保持的积极态度和习惯

附　录

1. 财商教育 Q&A

问：我的孩子丢了钱怎么办？

答：对他们的损失表示同情。让他们知道你理解并同情他们，和孩子以平静的方式讨论这次损失。搞清楚这笔钱是如何丢失的。是不小心从口袋里滑出，还是没有放在安全的地方？给孩子提供建议以防止将来的损失，同时提示孩子不要携带超过所需的额外的钱。如果丢失的钱属于孩子生活所必需的一部分，那么你可以为孩子补充这部分丢失的钱；但是要让孩子意识到，他们必须学会看管好自己的财物。

问：如果我的孩子只是一味地囤积钱财怎么办？

答：有些孩子可能会把钱囤起拒绝花掉，这可能只是一个过渡期，很多孩子在学习使用金钱的过程中都会有这样的经历，鼓励他们把自己的钱存在有利息的账户里。

如果孩子把所有的钱都囤起来，他们可能会劝说父母来帮他们买自己想要的东西。有时侯，年轻人在决定买什么的

时候会非常纠结，他们最后可能什么都不买；或者他们可能会秘密地攒钱，来买他们期望已久的东西。

家长可以通过与孩子讨论花钱的方式、指导孩子做决定和鼓励他们购买想要的东西来帮助孩子。

另一种方式是通过"分享"存钱罐中的钱来让孩子认识到给予或分享的重要性。（请参阅第3章了解更多教学辅助。）

问：如果我的孩子用零用钱买了不该买的东西怎么办?

答：有时孩子不按规定的用途花钱，比如他们会把用于午餐的钱花在购买游戏或游戏机上。要确保让你的孩子明白他们的零用钱究竟应该用在何处。此外，要确保零用钱足以支付必要的开销，并且只会剩下极少的一部分可供孩子自由处置。如果孩子仍然不遵守协议，你可以在随后的一段时间中更严密地监督孩子的消费活动，同时减少孩子的自主选择权。

问：如果我的孩子把零用钱放纵地花光怎么办?

答：孩子们可能会像小"守财奴"一样囤积几个星期的钱，然后突然把钱全花在你认为一文不值的东西上。7岁或是8岁的孩子可能在一天内冲动地花掉他们的所有零用钱，即使他们拥有经过仔细设计的支出计划。

但如果是11岁或12岁并且已经使用零用钱几年的孩子，可以让他们把钱花光一次，让他们自己去面对冲动行为带来的后果，这会对他们有好处。家长可以在家庭谈论财务话题的时候把这种情况作为谈话的切入点，如果是因冲动消费而错过了自己真的很想做的事情，父母可以帮助他们寻找替代计划。

失望是现实生活的一部分，学会如何应对失望很重要。

问：如果我的孩子把家里的东西弄坏了怎么办？

答：孩子们是否应该用自己的钱来弥补这种损失？这取决于具体情况和孩子自身。是超出孩子控制的意外，还是粗心大意？是故意的吗？这还取决于零用钱的金额和造成损失的大小。如果孩子必须赔上一个星期或一个月的零用钱，那么最终还是由父母来掏钱支付孩子的每日花销。除非事故是不可避免的，那么让孩子赔偿造成的损失中的一部分，这会让他对财产价值有更好的理解。

问：如果我的孩子抢夺或损坏了同学的东西怎么办？

答：如果同学的财产由于打架而被损坏，必须有人立即给予赔偿。如果造成的损失不高，那么最好让孩子自己去道歉并对损坏的物品进行修理或更换。

如果造成的损失已经远超孩子零用钱可以负担的范围，那么就需要父母帮助一下孩子。在危机之时，与孩子肩并肩一起面对将会是一次有益的经历。当你帮助孩子赔偿损失时，你可以给孩子解释说，这笔钱来自家庭基金，用于赔偿后就不能再用于别的地方了，这有助于孩子理解他的行为是如何影响家庭开支的。

问：如果我的孩子偷钱怎么办？

答：当发现孩子从父母或别人那里未经允许就拿钱时，家长们常常会非常紧张，但这并不意味着孩子是小偷或者会变成一个小偷。不要把你的孩子当作罪犯！在大多数情况下，儿童偷东西只是成长过程中的一个阶段。

当孩子偷东西的情况发生时，父母首先要了解的是为什么会发生这种情况，然后私下里冷静迅速地处理好孩子的偷窃行为。学龄前儿童在理解什么东西是属于或不属于自己时需要成人的帮助。6岁以上的孩子，如果知道自己做错了，那么应该享有一次通过物归原主来挽回"颜面"的机会。向孩子解释，物主是需要那些东西的。如果孩子把偷拿的钱已经花掉了，那么让孩子拿自己的零用钱或储蓄来赔偿。

如果孩子把偷拿的钱给别人或者用来请客，则可能他们只是想引人注目。请帮助他们在家里和外界与他的同龄人建立起更亲密的友谊。如果这种负面的行为重复发生，则意味着孩子可能有更深层的问题，需要进行心理咨询了。

2. 财商评估测试

- 孩子有不受家长干涉，可以自己管理的金钱吗？
- 我有没有帮助自己的每个孩子制订消费计划？
- 我有没有向孩子解释人们为什么及如何为未来的目

标存钱?

- 我是否避免使用金钱作为奖惩?

- 我的孩子是否定期做家务?

- 我是否帮助孩子找到了适合他们年龄和能力的工作来赚取额外的零用钱?

- 我是否在和钱有关的问题上树立了一个实事求是的好榜样?

- 我是否让孩子的财务责任伴随着他们的年龄一同增长,以便他们获得更多的处理财富的能力?

- 我的孩子参与家庭理财吗?

- 我的理财做得好吗?孩子会以我为榜样吗?

- 我是否通过与孩子交流自己在金钱方面犯的错而让孩子从中获得经验教训呢?

如果你的答案大多为"是的",那么很有可能你是有助于孩子获得理财技能的。如果你的答案大多为"不是",那么你就需要更多地帮助孩子。回顾每章的给家长的"理财"提示和家庭"财商启蒙课",鼓励您的孩子参加学校和其他组织提供的其他理财教育活动。

3. "小·财神" 系统

"小财神"系统可以教给孩子们关于储蓄、消费和分享的核心和基本知识，下面就是关于"小财神"系统是如何做到的详细介绍。

我的零用钱承诺：

作为家庭的一分子，我知道每天有三件必须做的事情。

（1）行为举止得体友善。

（2）刷牙。

（3）衣着整洁。

我有适合自己的、可以赚取零用钱的工作。

父母负责管理我的零用钱，如果我不做家庭一分子应该做的，他们就可以剥夺我赚取零用钱的权利。

制订赚钱计划。你不必做下面图表上的每一项工作，但如果你不做，就不会赚到额外的零用钱。

工作图表

	周一	周二	周三	周四	周五	周六	周日
家庭贡献				已做			
行为举止得体友善							
刷牙							
衣着整洁							
工作项目			已做·得到报酬				
洗澡							
收纳玩具							

续表

	周一	周二	周三	周四	周五	周六	周日
按时上床睡觉							
收拾衣服							
按时起床整理床铺							
准备好明天穿的衣服							
完成项目							
总共收入							
			零用钱日				

父母的零用钱指南和计算表

关键概念：你的孩子需要赚取足够的零用钱来负担他们的娱乐项目。为你的孩子设定每周的零用钱标准，在这一标准上他们可以支付所有自己想要的娱乐项目。如果孩子的零用钱与做家务相关联，那他就可以自由、无顾忌地消费他的零用钱。

问题 1：正确的每周零用钱额度应该是多少？

请参阅第 176 页上的图表，这样你就可以大致知道孩子可能需要多少零用钱来实现他们的储蓄、消费、分享的目标。这些金额最初可能看起来很大，但如果你真的把孩子想要的非必需品加起来，你就会觉得这个金额其实并不大。你需要向孩子解释，他现在已经可以赚到足够的钱来消费所有那些他认为有趣的东西了。管理这么多钱的责任

可以让孩子建立起信心。

问题2：给零用钱是否应以做家务为条件？

以做家务或不以做家务为条件都可以。我同意专家所说的："把'工作'和零用钱关联是让孩子理解付出时间和努力是创造价值的最好方法。"我特地强调某些行为属于"给家庭的贡献"——孩子不为报酬却必须完成的任务。如果你不想把孩子的零用钱与做家务关联起来，那么一定要规定好哪些不好的行为会受到零用钱被剥夺的惩罚。

单位：元

计算	6 岁	7 岁	8 岁	9 岁	10 岁
每日潜在收入	1.75	2.00	2.50	3.00	3.50
每周零用钱	12.25	14.00	17.50	21.00	24.50
每月零用钱	49.00	56.00	70.00	84.00	98.00
每月支出（70%）	34.30	39.20	49.00	58.80	68.60
每月储蓄（20%）	9.80	11.20	14.00	16.80	19.60
每月分享（10%）	4.90	5.60	7.00	8.40	9.80

使用这套"小财神"系统时，会使你的孩子拥有储蓄、消费和分享的能力，注意以下三条重要原则。

（1）不要随意为孩子购买物品。在这个系统下，你的孩子会收到足够的钱去买他想要的东西。你可以在适当的时候给孩子礼物——如过生日的时候，而这并不算是随意为孩子买东西。如果孩子想要的东西超出他支出账户里的钱，那么你们可以随机应变地想出一份额外的孩子可以做的工作，以便让孩子赚到额外的钱。

（2）**让孩子随性地花自己的钱。**开始时，他将获得大量的经验教训，这是学习和成长的一部分。和孩子探讨一下他们的消费，但不要替他们做判断或告诉他该买什么。更好的购买决定来自实际的消费体验。

（3）**坚持按程序进行。**经过几个周期的零用钱发放日和理财实践，理财的观念将会在孩子身上内化，而你也将会拥有一个成功的小理财师！

专业术语表

这部分是我在这本书中用过的专业术语，其中一些是我们在日常生活中使用的词和词组，有些是本书中介绍过的概念。这些词汇都是我在工作室活动和讲座中培训家长时使用的。在我所有的课程和生活中，我都会很仔细地使用这些拥有强大意义的词汇。所以，你也要集中注意力，对这些词汇有清晰的理解。

你和孩子要经常使用这些词汇来加强对重要概念的理解。当你们重温书中的建议和活动时，你可以用三种类型的理财语言来提升孩子们的学习体验。这三种类型的理财语言包括财富词汇、行动词汇、福利词汇。最好经常在谈话中运用理财语言，更重要的是，在你的思维中运用。

一旦你培养出了正面积极的理财语言，你的个人潜力就会得到提升。我再重复多少遍这句"你的想法将变成你的语言"也不过分：

> 注意你的言语，它们会变成你的行为；
>
> 注意你的行为，它们会变成你的习惯；
>
> 注意你的习惯，它们会变成你的性格；
>
> 注意你的性格，它将决定你的命运。

词汇	定义
零用钱	基于年龄、预算和开支的范围而给孩子的钱
银行	人们存放金钱以确保其安全的地方
利益	你做选择时所得到的，可以使你的需求或欲望得到满足
预算	钱收支平衡的计划
现金流转表	记录你的钱动向的决算表
值得	非特权
欲求	非常想要某物的欲望，可能凌驾于理性思考之上，不论你是否真的需要它
赚钱	以工作换取金钱
特权	觉得某件事是一种权利
支出	花出去的钱——与收入相反
家庭财富讨论时间	一个经常性的固定时间，全家人坐在一起讨论财务问题，包括存钱、赚钱和分享
金融素养	理解金钱是如何在这个世界中起作用的能力，这意味着懂得如何通过有效地管理财富资源而获得终身的财富保障
财务自由	财务自由的状态
收入	工作的报酬——与支出相反
理财蓝图	决定我们理财习惯的无意识态度，这些态度不一定都与金钱本身有关，但可以影响理财习惯
理财态度和习惯	指引我们理财的态度和习惯
存钱罐制度	一种预算制度，它使用实实在在的罐子来约束我们，同时帮助我们自动处理生活中得到的全部金钱
小财神系统	一个基本的理财系统。无论来源，都可以自动处理生活中所有的钱，可以帮助孩子更好地储蓄、消费和分享
理财大师	完全掌握积极的理财态度和习惯的人。他们思考、感受、做事的方式就是过上富足生活应有的强大态度和习惯
需要	生存所必需的东西
净资产负债表	一张可以随时查看、反映资产和债务的表格
真实世界	非想象中的世界
储蓄	把钱放起来供以后使用，积累钱财，与支出相反

续表

词汇	定义
支出	花钱买东西——与储蓄相反
价值	一种物品或体验在主观上或金钱上的重要性
价值观	生命中你觉得重要的的目标、原则和道德
欲望	有了不多，没了也不影响生存的东西

强大的正能量词、有益的词和财富相关的词

强大的正能量动词	有益的词汇	强大的负能量词	财富相关的词
增加，发现，获取，实施，增强，欲望，赢，改变，刺激，简化，刷新，掌握，改进，杠杆，克服，创造，创新，加速，寻找，产生，享受，激增，促进，催眠，连接，团队，启发，探索，可视化，具体化，实现，显现，消化，品位，盛宴，拥抱，赢得，想象，憧憬，成为，建造	你，新的，改进，保证，秘密，很容易，简单，免费，健康，天赋，想象，能量，爱，益处，优势，乐趣，安全，宝贵，奖金，目的，投资，令人惊叹，快乐，节约，结果，能量，满足，方法，独特，步步为营，可靠，最佳	严厉批评，毁灭，废除，停止，处决，对抗，征服，粉碎，消灭，撕裂，放逐	充裕，富有，富足，丰富，成功，金钱，有福，足够，现金，收益，收入，繁荣

5. 更多金融词汇

储蓄	支出	赚钱	分享
银行账单	议价	奖金	收集
借钱	成本	赚钱	捐款
预算	开销	总收入	费用
现金	分期	收入	拨款

储蓄	支出	赚钱	分享
支票	价格	净收入	遗产
信用卡	购物	薪水	退休金
债务	收据	津贴	
存款	减免		
利息	退款		
投资	支出		
借贷			
取钱			

参考文献

Price, Deborah L. Money Magic. California: New World Library, 2003. Mellan, Olivia. Money Harmony. New York: Walker & Co, 1994.

Kinder, George. The Seven Stages of Money Maturity. New York: Dell Publishing, 1999.

Kiyosaki, Robert T. Rich Dad Poor Dad. Arizona: Plata Publishing, 1997. Eker, T. Harv. Secret of the Millionaire Mind. New York: Harper Collins, 2005. Blue, Ron. Master your Money. Tennessee: Thomas Nelson, 1986.

Singer, Blair. Little Voice Mastery. Arkansas: PCI Publishing Group, 2008. Bach, David. Smart Couples Finish Rich. New York: Crown Business, 2002.

Linder, Ray. What Will I do with My Money. Chicago: Northfield Publishing, 2000.

后记

当年轻之时，我认为金钱是人生中最重要的东西。当年老之时，我发现的确如此。

——奥斯卡·王尔德

在阅读的过程中，我希望这本书能够在如何教孩子理财的一些基本原则上给您一些启示。正如您所知道的，翻开这本书就是一个好的开始，但这还不能帮助您的孩子成为未来的理财大师。如果您想帮助孩子在现实世界中获得成功，那么您自己怎样做才是关键所在。

在每一章的最后，我都为您提供了"给家长的贴士"和"家庭活动"，这些都有助您马上行动起来。我希望您能回顾那些我提出的建议，并能和自己的孩子共同实践这些活动。记住，最重要的是让这一过程成为您和孩子的一种

快乐经历。

记住，没有完全一样的两个家庭，也没有一成不变的规则来帮助您教孩子理财。请参照下面的建议和指南来帮助您和自己的家庭进行合理的理财规划。

- **自己先成为好的理财大师。**家庭在财务方面展现出的责任感将会塑造孩子在使用金钱时的态度。

- **定期给孩子零用钱。**他们达到可以理解金钱作用的年龄就可以开始给他们零用钱。告诉孩子给他们零用钱后就不可以再张口要钱了。

- **让每个孩子都参与家庭财务讨论。**应该让孩子了解家庭的基本收支情况，主要的收入来源和支付项目。若能在进行讨论时保持愉快氛围和实事求是的态度，那么家庭支出这个话题就不会让年幼的孩子感到压力重重了。

- **允许孩子犯错。**让孩子明白，浪费今天的金钱意味着未来无钱可花；让孩子明白，如果把钱花在廉价质次的产品上，通常意味着将在长期中付出更高的成本。但家长自身也要注意，如果您总是替孩子在花钱方面做主，他们是不会理解金钱用处的！

- **鼓励孩子挣钱。**如果孩子想增加自己的收入，那就给他们一份真正的工作，并且做到不多给、不少给，严格按劳分配。确保孩子在家以外的地方工作时，做适合他们年龄和有人身安全保障的工作。帮助您的孩子找到赚钱的方法。

 • **不要用金钱作为奖励或惩罚。**让孩子懂得，作为家庭的一员和社区的一分子，有些任务即使没有报酬，也要完成。

 • **让孩子理解储蓄的价值，不要为了储蓄而储蓄，而要为一个确定的目的而储蓄。**让他们意识到把钱一次花光后再去借钱是多么的愚蠢；让他们知道借钱会产生额外的费用，并且必须偿还；试着让孩子明白，如果能延迟自己的满足感，那么他们以后会获得更大的满足。

 • **向孩子解释爱惜那些花钱购买的东西就和存钱本身一样重要。**

 • **帮助孩子理解明智地分享、消费、节约是同等重要的，而不是过分强调分享金钱的价值。**不要让他们觉得金钱可以买到友谊和尊重。让他们知道满足和快乐也可以来自为他人服务。

 • **鼓励孩子对收支记账。**通过让他们在当地银行办理一个儿童信托账户或者帮您打理家庭账户的方式使孩子认识银行。

 • **帮助孩子养成好的理财习惯。**这就等同赋予他们解决成年后生活中种种难题的本领。

 作为一个从业 20 多年的特许理财规划师和理财教练，我认真策划了许多理财行动，对父母们的不同起点做出假

设，并去了解他们想要达成的目标是什么。可是问题在于，无论是父母还是我，对于孩子的真正起点以及真正想要达到的目标都一无所知。结果就造成理财行动路线图不完整，许多人没能完成计划。

在最近几年中我渐渐意识到，为父母建立一个理财计划，并且孩子可以模仿，其先决条件就是在执行计划前，先回顾过去。这包括一些必要的，但有时会让您感到痛苦的对过去"乱账"的剖析。这意味着有必要分解并清除那些多年以来对您毫无用处的信仰和习惯。唯有如此，您才能和金钱建立起良好的关系。在分析解决过去的问题之后，我才会为客户设计一个行动计划去解决他们的财务问题，并且让他们的孩子也学习到一个家庭怎样才能达成既定的财务目标。

最后，也是非常重要一点就是感谢您将宝贵的时间投入到对本书的阅读之中。祝您和您的家人前程似锦。

祝您成功！

陈伟发

致谢

撰写这本书看似是一个人完成的任务，但事实上，做一本包含真知灼见并可以影响很多人的书，没有一个团队是无法完成的。

我要感谢自己的导师、朋友、同事、客户、同行、合伙人，他们为这本书贡献了自己宝贵的时间、经验、知识和建议。

我从很多作者和研讨会的发言人那里学到了宝贵的和金钱相关的知识。特别要感谢罗伯特·清崎、布莱尔·辛格、安东尼·罗宾、哈维·艾克、黛波拉·普莱斯，是他们的那些强大、有力、能够改变人生的理财课将我塑造成一个百万富翁。

同时，还要向来自Success Resources的理查德·陈和韦

罗妮卡·周致谢，他们组织了很多精彩的能够启发生活的研讨会，还让我有幸成为这些研讨会的志愿成员之一，我从那些出色的演讲者身上学到了很多东西。

向我的客户以及参与我工作室、研讨会和会议的人士致以深深的谢意。你们是最能鼓舞人心的，感谢你们！

完成这本书对我来说是一次极具启发性的体验，使我的思维方式焕然一新，并对培养自己三个可爱孩子的过程有了更深刻的反思。谢谢他们给我空间来完成这项工作！

最后感谢上天给了我令人难以置信的力量和清晰的目标，让我的生活更有意义。